新兴产业和高新技术现状与前景研究丛书

总主编　金碚　李京文

生命科学及生物技术

现状与应用前景

赵肃清　张　焜　主编

卫恒习　陈兆贵　蔡燕飞　副主编

Status Quo and Application Prospects of Life Science and Biotechnology

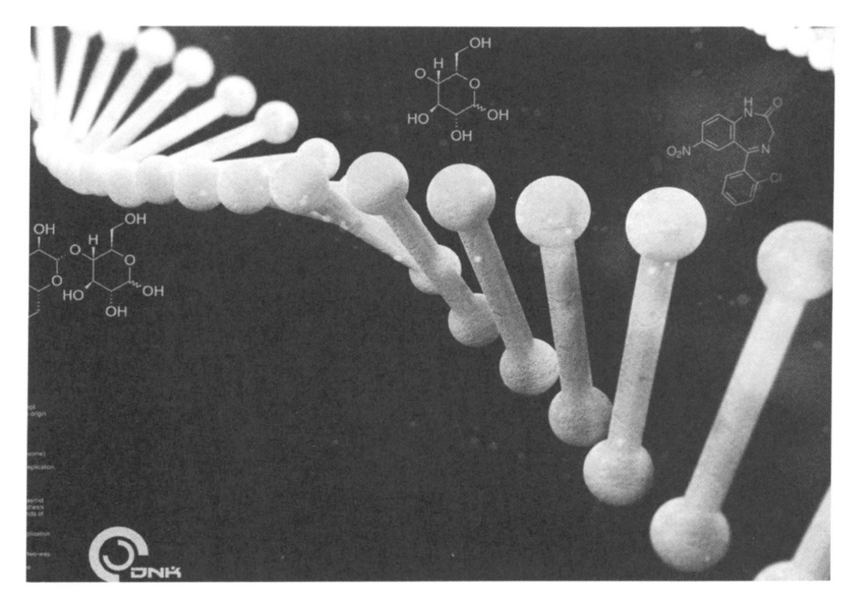

SPM

南方出版传媒

广东经济出版社

·广州·

图书在版编目（CIP）数据

生命科学及生物技术现状与应用前景 / 赵肃清，张焜主编 . —广州：广东经济出版社，2015. 5
（新兴产业和高新技术现状与前景研究丛书）
ISBN 978 - 7 - 5454 - 3339 - 5
Ⅰ. ①生… Ⅱ. ①赵… ②张… Ⅲ. ①生命科学 - 研究②生物技术 - 研究 Ⅳ. ①Q1 - 0②Q81

中国版本图书馆 CIP 数据核字（2015）第 123042 号

出版发行	广东经济出版社（广州市环市东路水荫路 11 号 11 ~ 12 楼）
经销	全国新华书店
印刷	中山市国彩印刷有限公司 （中山市坦洲镇彩虹路 3 号第一层）
开本	730 毫米 × 1020 毫米　1/16
印张	12. 75
字数	222 000 字
版次	2015 年 5 月第 1 版
印次	2015 年 5 月第 1 次
书号	ISBN 978 - 7 - 5454 - 3339 - 5
定价	32. 00 元

如发现印装质量问题，影响阅读，请与承印厂联系调换。
发行部地址：广州市环市东路水荫路 11 号 11 楼
电话：（020）38306055　37601950　邮政编码：510075
邮购地址：广州市环市东路水荫路 11 号 11 楼
电话：（020）37601980　邮政编码：510075
营销网址：http：//www · gebook. com
广东经济出版社常年法律顾问：何剑桥律师

“新兴产业和高新技术现状与前景研究”丛书编委会

原　磊　中国社会科学院工业经济研究所工业运行研究室主任、副研究员

陈　志　中国科学技术发展战略研究院副研究员

史岸冰　华中科技大学基础医学院教授

吴伟萍　广东省社会科学院产业经济研究所副所长、研究员

燕雨林　广东省社会科学院产业经济研究所研究员

张栓虎　广东省社会科学院产业经济研究所副研究员

邓江年　广东省社会科学院产业经济研究所副研究员

杨　娟　广东省社会科学院产业经济研究所副研究员

柴国荣　兰州大学管理学院教授

梅　霆　西北工业大学理学院教授

刘贵杰　中国海洋大学工程学院机电工程系主任、教授

杨　光　北京航空航天大学机械工程及自动化学院工业设计系副教授

迟远英　北京工业大学经济与管理学院教授

王　江　北京工业大学经济与管理学院副教授

张大坤　天津工业大学计算机科学系教授

朱郑州　北京大学软件与微电子学院副教授

杨　军　西北民族大学现代教育技术学院副教授

赵肃清　广东工业大学轻工化工学院教授

袁清珂　广东工业大学机电工程学院副院长、教授

黄　金　广东工业大学材料与能源学院副院长、教授

莫松平　广东工业大学材料与能源学院副教授

王长宏　广东工业大学材料与能源学院副教授

总　　序

人类数百万年的进化过程，主要依赖于自然条件和自然物质，直到五六千年之前，由人类所创造的物质产品和物质财富都非常有限。即使进入近数千年的“文明史”阶段，由于除了采掘和狩猎之外人类尚缺少创造物质产品和物质财富的手段，后来即使产生了以种植和驯养为主要方式的农业生产活动，但由于缺乏有效的技术手段，人类基本上没有将“无用”物质转变为“有用”物质的能力，而只能向自然界获取天然的对人类“有用”之物来维持低水平的生存。而在缺乏科学技术的条件下，自然界中对于人类“有用”的物质是非常稀少的。因此，据史学家们估算，直到人类进入工业化时代之前，几千年来全球年人均经济增长率最多只有0.05%。只有到了18世纪从英国开始发生的工业革命，人类发展才如同插上了翅膀。此后，全球的人均产出（收入）增长率比工业化之前高10多倍，其中进入工业化进程的国家和地区，经济增长和人均收入增长速度数十倍于工业化之前的数千年。人类今天所拥有的除自然物质之外的物质财富几乎都是在这200多年的时期中创造的。这一时期的最大特点就是：以持续不断的技术创新和技术革命，尤其是数十年至近百年发生一次的“产业革命”的方式推动经济社会的发展。[①] 新产业和新技术层出不穷，人类发展获得了强大的创造能力。

① 产业革命也称工业革命，一般认为18世纪中叶（70年代）在英国产生了第一次工业革命，逐步扩散到西欧其他国家，其技术代表是蒸汽机的运用。此后对世界所发生的工业革命的分期有多种观点。一般认为，19世纪中叶在欧美等国发生第二次工业革命，其技术代表是内燃机和电力的广泛运用。第二次世界大战结束后的20世纪50年代，发生了第三次工业革命，其技术代表是核技术、计算机、电子信息技术的广泛运用。21世纪以来，世界正在发生又一次新工业革命（也有人称之为“第三次工业革命”，而将上述第二、第三次工业革命归之为第二次工业革命），其技术代表是新能源和互联网的广泛运用。也有人提出，世界正在发生的新工业革命将以制造业的智能化尤其是机器人和生命科学为代表。

当前，世界又一次处于新兴产业崛起和新技术将发生突破性变革的历史时期，国外称之为“新工业革命”或“第三次工业革命”“第四次工业革命”，而中国称之为“新型工业化”“产业转型升级”或者“发展方式转变”。其基本含义都是：在新的科学发现和技术发明的基础上，一批新兴产业的出现和新技术的广泛运用，根本性地改变着整个社会的面貌，改变着人类的生活方式。正如美国作者彼得·戴曼迪斯和史蒂芬·科特勒所说：“人类正在进入一个急剧的转折期，从现在开始，科学技术将会极大地提高生活在这个星球上的每个男人、女人与儿童的基本生活水平。在一代人的时间里，我们将有能力为普通民众提供各种各样的商品和服务，在过去只能提供给极少数富人享用的那些商品和服务，任何一个需要得到它们、渴望得到它们的人，都将能够享用它们。让每个人都生活在富足当中，这个目标实际上几乎已经触手可及了。”“划时代的技术进步，如计算机系统、网络与传感器、人工智能、机器人技术、生物技术、生物信息学、3D 打印技术、纳米技术、人机对接技术、生物医学工程，使生活于今天的绝大多数人能够体验和享受过去只有富人才有机会拥有的生活。”①

在世界新产业革命的大背景下，中国也正处于产业发展演化过程中的转折和突变时期。反过来说，必须进行产业转型或“新产业革命”才能适应新的形势和环境，实现绿色化、精致化、高端化、信息化和服务化的产业转型升级任务。这不仅需要大力培育和发展新兴产业，更要实现高新技术在包括传统产业在内的各类产业中的普遍运用。

我们也要清醒地认识到，20 世纪 80 年代以来，中国经济取得了令世界震惊的巨大成就，但是并没有改变仍然属于发展中国家的现实。发展新兴产业和实现产业技术的更大提升并非轻而易举的事情，不可能一蹴而就，而必须拥有长期艰苦努力的决心和意志。中国社会科学院工业经济研究所的一项研究表明：中国工业的主体部分仍处于国际竞争力较弱的水平。这项研究把中国工业制成品按技术含量低、中、高的次序排列，发现国际竞争力大致呈 U 形分布，即两头相对较高，而在统计上分类为“中技术”的行业，例如化工、材料、机械、电子、精密仪器、交通设备等，国际竞争力显著较低，而这类产业恰恰是工业的主体和决定工业技术整体素质的关键基础部门。如果这类产业竞争力不

---

① 【美】彼得·戴曼迪斯，史蒂芬·科特勒. 富足：改变人类未来的 4 大力量. 杭州：浙江大学出版社，2014.

强，技术水平较低，那么“低技术”和“高技术”产业就缺乏坚实的基础。即使从发达国家引入高技术产业的某些环节，也是浅层性和“漂浮性”的，难以长久扎根，而且会在技术上长期受制于人。

中国社会科学院工业经济研究所专家的另一项研究还表明：中国工业的大多数行业均没有站上世界产业技术制高点。而且，要达到这样的制高点，中国工业还有很长的路要走。即使是一些国际竞争力较强、性价比较高、市场占有率很大的中国产品，其核心元器件、控制技术、关键材料等均须依赖国外。从总体上看，中国工业品的精致化、尖端化、可靠性、稳定性等技术性能同国际先进水平仍有较大差距。有些工业品在发达国家已属“传统产业”，而对于中国来说还是需要大力发展的“新兴产业”，许多重要产品同先进工业国家还有几十年的技术差距，例如数控机床、高端设备、化工材料、飞机制造、造船等，中国尽管已形成相当大的生产规模，而且时有重大技术进步，但是，离世界的产业技术制高点还有非常大的距离。

产业技术进步不仅仅是科技能力和投入资源的问题，攀登产业技术制高点需要专注、耐心、执着、踏实的工业精神，这样的工业精神不是一朝一夕可以形成的。目前，中国企业普遍缺乏攀登产业技术制高点的耐心和意志，往往是急于“做大”和追求短期利益。许多制造业企业过早走向投资化方向，稍有成就的企业家都转而成为赚快钱的“投资家”，大多进入地产业或将“圈地”作为经营策略，一些企业股票上市后企业家急于兑现股份，无意在实业上长期坚持做到极致。在这样的心态下，中国产业综合素质的提高和形成自主技术创新的能力必然面临很大的障碍。这也正是中国产业综合素质不高的突出表现之一。我们不得不承认，中国大多数地区都还没有形成深厚的现代工业文明的社会文化基础，产业技术的进步缺乏持续的支撑力量和社会环境，中国离发达工业国的标准还有相当大的差距。因此，培育新兴产业、发展先进技术是摆在中国产业界以至整个国家面前的艰巨任务，可以说这是一个世纪性的挑战。如果不能真正夯实实体经济的坚实基础，不能实现新技术的产业化和产业的高技术化，不能让追求技术制高点的实业精神融入产业文化和企业愿景，中国就难以成为真正强大的国家。

实体产业是科技进步的物质实现形式，产业技术和产业组织形态随着科技进步而不断演化。从手工生产，到机械化、自动化，现在正向信息化和智能化方向发展。产业组织形态则在从集中控制、科层分权，向分布式、网络化和去中心化方向发展。产业发展的历史体现为以蒸汽机为标志的第一次工业革命、以电力和自动化为标志的第二次工业革命，到以计算机和互联网为标志的第三次工业革命，再到以人工智能和生命科学为标志的新工业革命（也有人称之为“第四次工业革命”）的不断演进。产业发展是人类知识进步并成功运用于生产性创造的过程。因此，新兴产业的发展实质上是新的科学发现和技术发明以及新科技知识的学习、传播和广泛普及的过程。了解和学习新兴产业和高新技术的知识，不仅是产业界的事情，而且是整个国家全体人民的事情，因为，新产业和新技术正在并将进一步深刻地影响每个人的工作、生活和社会交往。因此，编写和出版一套关于新兴产业和新产业技术的知识性丛书是一件非常有意义的工作。正因为这样，我们的这套丛书被列入了2014年的国家出版工程。

我们希望，这套丛书能够有助于读者了解和关注新兴产业发展和高新产业技术进步的现状和前景。当然，新兴产业是正在成长中的产业，其未来发展的技术路线具有很大的不确定性，关于新兴产业的新技术知识也必然具有不完备性，所以，本套丛书所提供的不可能是成熟的知识体系，而只能是形成中的知识体系，更确切地说是有待进一步检验的知识体系，反映了在新产业和新技术的探索上现阶段所能达到的认识水平。特别是，丛书的作者大多数不是技术专家，而是产业经济的观察者和研究者，他们对于专业技术知识的把握和表述未必严谨和准确。我们希望给读者以一定的启发和激励，无论是“砖”还是“玉”，都可以裨益于广大读者。如果我们所编写的这套丛书能够引起更多年轻人对发展新兴产业和新技术的兴趣，进而立志投身于中国的实业发展和推动产业革命，那更是超出我们期望的幸事了！

金　碚

2014年10月1日

前　言

生命科学是研究和阐述生命特性及其活动规律的重要科学，是生物技术发展的基础和知识来源，为农业生物技术、工业生物技术和医药生物技术的发展提供理论指导和技术支持。生物技术是生命科学的重要组成部分，是以生物科学为基础，广泛应用于人、动物、植物和微生物的一类高技术，具有起点高、发展快、应用广、影响大等特点。生物技术是主导21世纪产业界发展的高新技术，并且与人类生活息息相关，深刻影响着世界的政治、经济、军事、文化和社会发展的进程。世界各国都制定规划并投入大量的人力、财力研究与开发生物技术。我国亦把发展生物技术列入高技术研究发展纲要的首位。

进入21世纪以来，生命科学与生物技术发展依然迅速。新的基因技术、分子和细胞生物技术不断涌现。涵盖了基因组学、蛋白组学、基因修饰与改造、动物克隆、抗体与生物靶向治疗等领域，并由此引起人们对生物技术安全问题的担忧。本书定位为科普读本，对当前人们普遍关注的重要生物技术进行介绍，并阐述其发展现状和应用前景，帮助读者消除疑虑、正确理解生物技术的作用。本书面向的读者是各级领导干部和管理阶层，以及广大生物科技爱好者。本书可以作为各级领导干部培训和大中专学生的教材和参考书。

本书共包括六章，概述了当前热门生物技术的基本知识。第一章概述了生命科学和生物技术的发展及其对社会发展的影响，由赵肃清教授、张焜教授、蔡燕飞副教授及张磊实验师编写；第二章介绍了基因组学相关技术研究进展，由陈兆贵副教授编写；第三章介绍了基因技术现状和研究进展，由王华倩博士编写；第四章介绍了动物克隆技术现状和研究进展，由卫恒习副研究员编写；第五章介绍了抗体的结构与功能，由汤永平博士编写；第六章介绍了生物安全现状及对策，由王瑞龙副研究员编写。

本书作者均是活跃在教学、科研第一线的专业教师和科技工作人员，具有丰富的教学、科研经验和技术操作技能。编者们付出了辛勤的劳动和汗水。但生命科学和生物技术的发展日新月异，新技术和新理论不断更新，虽然我们倾注了大量的精力，但难免存在不足，真诚希望同仁和读者对本书存在的问题进行指正。

值此成书之际，对给予本书支持和信任的领导、同仁致以衷心的感谢，感谢各位编者的精诚合作与付出。希望本书的问世能够在学习与普及生物技术知识、促进生物技术发展和应用等方面起到有益的作用。

编者

2015 年 3 月

目 录

第一章　绪论

一、概述

随着科学技术的不断进步，生命科学与生物技术的发展日新月异。人类对生命的认识也更加深入、系统和全面。人类从最初对生命现象的描述，发展到探究生命活动的本质及发生发展规律，以及研究各种生物之间和生物与环境之间的相互关系。

生物体是一个多层次、多侧面的复杂结构体系，研究生物体的运动变化规律的科学叫作“生命科学”。现代生命科学正从群体、个体、细胞、分子等不同层次上开展研究，涉及形态学、生理生化、遗传发育、进化等方面，现代生命科学在20世纪得到了快速发展，正代表着21世纪为自然科学的前沿。

生物技术以生命科学为基础，采用先进的工程技术手段，按照预先的设计改造生物体或加工生物原料，广泛应用于医药卫生、农林牧渔、轻工、食品、化工、能源和环境等领域，被世界各国视为一项高新技术。在我国，大力发展生物技术是培育战略性新兴产业的重大举措，是生物科技为国家做出重大贡献的战略选择。《国家中长期科学和技术发展规划纲要（2006—2020）》把工业生物技术列入国家社会经济发展的战略高技术。2010年9月通过的国务院《关于加快培育和发展战略性新兴产业的决定》明确将生物产业列为七大战略新兴产业之一。2011年11月，科技部发布的《国家“十二五”现代生物制造科技发展专项规划》中也明确提出到“十二五”末期，初步建成现代生物制造创新体系。

生命科学系统地阐述与生命特性有关的重大课题，是生物技术发展的基础和知识来源，为人们发展医药生物技术、工业生物技术和农业生物技术等提供理论指导和技术支持。21 世纪以来，生命科学成为自然科学研究的热点和重点，生物学科与其他学科相互交叉、相互渗透、相互促进。生物技术则是当代最具有发展潜力的新兴产业，而且生物技术的不断进步深刻影响着世界政治、经济、军事、文化和社会发展的进程。

二、生命科学的发展

（一）生命科学的基本概念

研究生物体的运动变化规律的科学叫作“生命科学”。生命科学除了研究生物体的结构和功能以外，还涉及整个生物界及其环境的相互作用。生命科学的基本任务是认识和揭示生物界存在的各层次的生命活动的客观规律，从分子、细胞、器官到个体及群体水平的结构与功能、生长发育的规律、物质与能量代谢的规律、分布与进化的规律以及与环境相互作用的规律等。

生命科学揭示新的原理和探索新的技术，进行多学科的交叉和渗透，并广泛应用生命科学的理论和方法去解决当今人类面临的粮食、人口、健康、资源、生态、环境、能源等问题。

（二）生命科学的研究内容

生命科学研究的内容非常广泛而且复杂，涉及各类生物的形态、结构、生命活动及其规律，在发展过程中形成了许多生物学的分支学科：

（1）按照研究对象分类，生命科学分为植物生物学、动物生物学、微生物学、病毒学、人类学、古生物学等。

（2）按照研究生命现象的角度分类，生命科学分为形态学、解剖学、组织学、免疫学、分类学、生理学、遗传学、胚胎学、病理学等。

（3）按照生物的结构水平分类，生命科学分为种群生物学、细胞生物学、分子生物学、个体生物学、生态系统生物学等。

另外，生命科学从不同的层次研究生命现象，从宏观上可以分为三个层次：

1. 核心层次

从分子与细胞水平阐明各类型生物生命活动的规律及其分子基础，主要包括分子生物学和细胞生物学。分子生物学是对生物在分子层次上的研究，主要致力于对细胞中不同系统之间相互作用的理解，包括 DNA、RNA 和蛋白质生物合成之间的关系以及了解它们之间的相互作用是如何被调控的。细胞生物学是以细胞为研究对象，从细胞的整体水平、亚显微水平、分子水平等三个层次，以动态的观点，研究细胞和细胞器的结构和功能、细胞的生活史和各种生命活动规律的学科。

2. 个体生物学层次

对多个物种及类群的结构、功能以及生命活动规律逐一进行研究。从生物演化角度出发，这一层次已形成了多个以类群划分的学科，包括植物生物学、动物生物学、微生物学、病毒学等。从阐明生命活动的共同规律出发，该层次逐步建立了遗传学、生理学、解剖学、进化论、生物发育学等。

3. 生物圈层次

生物圈是指地球上所有生态系统的整体，生物与生物之间、生物与环境之间都存在密切的关系。这一层次研究整个生物圈，研究生物之间、生物与环境之间的相互关系，对改善生态环境、提高生存质量、实施可持续发展具有重要意义。

（三）生命科学的发展历程

生命科学的发展经历了一个漫长的过程，大致分为三个主要阶段。

1. 自人类诞生至 16 世纪左右——生命科学的准备和奠基时期

古人基于自身生存的需要和求知欲望的潜能，对周围自然界进行观察与描述，尤其是开展了与人类生活密切相关的农牧畜业生产。据考古学家考证，我国栽培白菜已有 7000 多年的历史。公元前 5000 年，古人已经学会栽种水稻。公元前 3000 年已开始驯养家猪。公元前 2700 年种桑养蚕。公元前 221 年，我国人民已懂得制酱、酿醋、做豆腐。在与疾病、健康相关的方面，公元前 500 年的春秋战国时期，《诗经》就比较广泛地记录了阴阳、五行、脏腑、疾病、药物、治疗、保健等医学内容，收录药物 200 多种。东汉的《神农百草经》将药物增至 365 种。公元 10 世纪，我国已研制了预防天花的疫苗。贾思勰的《齐民要术》，尤其明代李时珍的《本草纲目》堪称世界医药科学巨著，都是古代人们的智慧结晶，为世人提供了极其宝贵的经验和方法。

生命科学作为学科性质的系统知识，一般认为是从古希腊哲学家亚里士多德（公元前 384—公元前 322 年）开始的。在《动物志》一书中，亚里士多德相当细致地记述了他对动物解剖结构、生理习性、胚胎发育和生物类群的观察，并对生命现象做出了许多深刻的思考。他对生物知识的贡献还在于物种的分门别类。他的学生亚历山大大帝在远征途中经常给他捎回各种动植物标本，利用这些材料，他一生中对500多种动植物进行了分类。到18世纪，动植物分类已得到长足的发展，相继编辑出版了不少分类方面的著作，代表学者是瑞典植物学家和冒险家林奈。林奈系统地总结了前人的工作，摒弃了人为分类方法，选择了自然分类法，创造性地提出"二名法"，1735—1768年先后出版了《自然系统》《植物种志》《瑞典动物志》等著作，创立了精确、严谨、方便、实用的动植物分类系统。经过他们的努力，建立了以门、纲、目、科、属、种为骨架的生物分类阶元层次系统，它的建立为进化论打下了坚实的类群基础。进入中世纪年代，科学的发展受到极大的压抑。但是即使在那个黑暗的年代，仍不断有人在恶劣的条件下默默地探索着。如莱茵河畔的希尔德加德修女写的《医学》一书，继承和发扬了古希腊的创新精神，大胆地记录了她对动物、植物的观察和用来当作药物的使用方法。

总体看来，这个时期人们对生命现象的研究基于观察和简单试验之上，尽管没有形成真正的科学体系，但是以生命为对象的生物分支学科已然建立。

2．16世纪到20世纪中期——系统生命科学创立和发展时期

现代生命科学可以说是从形态学创立开始的。比利时医生安德烈·维萨里在实践中掌握和积累了一定的解剖学知识和经验，于1543年，年仅28岁即完成了按骨骼、肌腱、神经等几大系统描述的著作《人体的结构》，书中写道：人体的所有器官、骨骼、肌肉、血管和神经都是密切相关联系的，每一部分都是有活力的组织单位，冲破了以盖仑为代表的旧权威们臆测的解剖学理论。这本书的发表引起了当时解剖学家和医生们的震惊，但也因触犯了旧的传统观念而引起教会的极大不满，维萨里被迫离开了他执教的威尼斯共和国帕都瓦大学来到西班牙。但教会的魔爪不肯放过他，20年后，西班牙宗教裁判所诬陷维萨里用活人做解剖而被判了死罪。由于国王出面干预，维萨里被改判前往耶路撒冷朝圣，在归航途中航船遇险，年仅50岁即不幸身亡。

《人体的结构》这部巨著标志着解剖学的建立，直接推动了以血液循环研究为先导的生理分支学科的形成，也直接影响了1628年英国医生哈维的《心血运动论》问世。威廉·哈维用大量实验材料论证了血液的循环运动，他强调了心脏在血液循环中的重要作用，通过对40种不同动物的解剖观察，他证明

了“在动物体内，血液被驱动着进行不停的循环运动；这正是心脏通过脉搏所执行的功能；而搏动则是心脏运动和收缩的唯一结果”。在解剖学和水力学范围内不用显微镜而能得到的全部知识都被哈维发现了。哈维与大多数同代人不同，他独特地把实验和定量方法应用于医学研究。对生物学来说，这是一个显著的进步。哈维的《心血运动论》同维萨里的《人体的结构》一样都遭到了当时学术界、医学界、宗教界权威人士的攻击，但由于哈维当时是英国国王查理一世的御医，才没有付出生命的代价。解剖学和生理学的建立为人们对生命现象的全面研究奠定了基础。

生命科学取得飞速发展的另一个重要特征就是从宏观世界向微观世界的进步。1590 年，一个叫詹森的荷兰眼镜制造匠人发明了世界上最早的显微镜，这个显微镜是用一个凹镜和一个凸镜做成的，制作水平很低，当时詹森并没有发现显微镜的真正价值。事隔 90 多年后，同为荷兰人的列文虎克成功地将显微镜用于科学研究，首次在软木薄片中发现了被他称之为细胞（cell）的胞粒状物质（实际仅为细胞壁），并于 1665 年出版了《显微图像》，该书将微观世界的神秘面纱第一次揭开在世人面前，并导致细胞学的研究成为该时期科学研究的热点。显微镜的发明和列文虎克的研究工作，为生物学的发展奠定了基础。

现代遗传学创始人孟德尔发现了遗传学上的自由组合定律和分离定律，并于 1865 年公布了科研成果“植物杂交实验”，奠定了现代遗传学的基础。与此同时，微生物学的奠基人——法国化学家巴斯德发明了加热灭菌消毒法。巴斯德关于酒精、乳酸和酒石酸发酵的研究在生理学上有重要意义。

1859 年，达尔文出版了划时代的著作《物种起源》，书中用大量资料证明了所有的生物都不是上帝创造的，而是在遗传、变异、生存斗争和自然选择中，由简单到复杂，由低等到高等，不断发展变化的，提出了生物进化论学说，从而摧毁了唯心的“神造论”和“物种不变论”，成为现代生物学的基石。恩格斯将“进化论”列为 19 世纪自然科学的三大发现之一（其他两个是细胞学说、能量守恒和转化定律）。

进入 20 世纪，生命科学的发展更为迅速。美国实验胚胎学家、遗传学家、现代基因学说的创始人摩尔根用果蝇做实验确立了遗传学的分离、连锁和交换三大定律，他认为基因是组成染色体的遗传单位，并证明基因在染色体上作直线排列，并因此而荣获了 1933 年的诺贝尔生理或医学奖。

苏格兰生物学家弗莱明于 1923 年发现溶菌酶，1928 年 9 月 15 日发现青霉素，这一发现开创了抗生素领域，使他闻名于世。因为对青霉素的研究活动，他于1945年荣获诺贝尔生理学或医学奖。

3. 20世纪中叶后——现代生命科学时期

生命科学随着各学科纵横交错发展的大趋势，出现了不同分支学科和跨学科间的大交汇、大渗透、大综合。

在分子水平上探索生命的奥秘成为20世纪后半叶生命科学的主流。在前人的基础上，美国生物学家沃森和英国物理学家克里克建立了DNA双螺旋结构的分子模型。沃森的主要贡献是确定了两对碱基特异性配对的性质，它直接表明了遗传物质可能的复制机制。克里克的主要贡献是极力主张建立模型，他从物理学的角度，从原子之间的距离和角度提供了一系列强有力的限制条件，规则螺旋的结构会大大减少自由变量的数目。威尔金斯和富兰克林通过对DNA的X－射线衍射的研究，证实了沃森和克里克的DNA结构模型。

随着分子生物学的飞速发展，分子生物学的成熟和计算机科学的发展，使人类有能力破译自身的全部密码，因此于1990年启动了“人类基因组计划（Human Genome Project）”。这一计划旨在为30多亿个碱基对构成的人类基因组精确测序，发现所有人类基因并搞清其在染色体上的位置，破译人类全部遗传信息密码。人类基因组计划由美国于1990年启动，2000年6月26日人类基因组工作草图完成。该计划的胜利实现，预示着人类将能够在分子水平全面认识自我，对深入研究人类本身乃至推动整个生命科学的发展无疑具有非常重要的意义。“人类基因组计划”和“曼哈顿工程”“阿波罗登月计划”并称20世纪的三大科学计划。

1997年2月24日，英国罗斯林研究所与PPL生物技术公司宣布，他们利用一只6岁母羊的体细胞于1996年7月成功地繁殖出了一只小母羊“多利”。这是世界上第一只用已经分化的成熟的体细胞（乳腺细胞）克隆出的绵羊。多利的诞生，引发了世界范围内关于动物克隆技术的热烈争论，是科学界克隆成就的一大飞跃，当即被誉为20世纪最重大，同时也最有争议性的科技突破之一。一年多后，克隆牛、克隆鼠相继问世，甚至对克隆鼠的再克隆也获得了成功。科学家们普遍认为，多利的诞生标志着生物技术新时代的来临。

（四）21世纪生命科学发展的主要趋势

20世纪生命科学发展速度惊人，在众多领域都有新的发现和重大突破，为21世纪生命科学的腾飞奠定了坚实的基础。生命活动的基本过程和规律将会在更广泛的空间尺度和时间尺度上被揭示和阐明。随着人类及有关动、植物基因组核苷酸序列的全部测定，人类将进入破译遗传密码、研究基因功能的后基因组学和蛋白组学时代（大规模地、系统地开展蛋白质等生物大分子结构和功能的研究）。这对于揭示生命现象的本质和规律具有更加重大的意义。

21 世纪生命科学的发展将呈现以下七大特点和趋势：

1. 分子生物学是生命科学的主导力量

随着分子生物学的快速发展，带动了生命科学各分支向分子水平深入发展，出现了分子遗传学、分子细胞生物学、分子神经生物学、分子分类学、分子生态学等，在分子水平上对细胞活动、生长发育、物质和能量代谢、遗传、进化与分布，以及脑功能等各种生命现象进行探索。

2. 生命科学仍将向最基本、最复杂的微观和宏观两极发展

一方面，分子生物学将广泛地向其分支学科领域渗透；另一方面，生态学又向具有复杂功能的生态系统乃至生物圈方向发展。最后，必将把微观与宏观整体地联系起来，即把分子、细胞、个体、群体、群落等生命不同结构层次作为一个有机系统进行深入研究。

3. 生命科学的研究模式发生变化

经典生物学研究以单一个体实验室研究模式为主。随着人类基因组计划等“大科学”的实施，出现了大规模的跨单位、跨地区、跨国家的联合研究和大型研究中心的集约型研究。这些新研究模式成为推动生命科学快速发展的主要动力。此外，多个实验室之间的合作研究方式已成为当前的主要潮流。

4. 生物学家对生命的思考和认识有了新的角度

由于基因组研究和蛋白质组研究等“整体性研究”方法的出现，以及复杂系统理论和非线性科学的发展，生物学思想和方法论正在从局部观向整体观拓展，从线性思维走向复杂性思维，从注重分析转变为分析与综合相结合。

5. 生命科学的发展越来越依赖大型平行技术的发展

突出例子就是 DNA 序列测定。机器人和自动仪器被用于分离 DNA、切割 DNA 片段、自动测序以及直接读取序列的高性能的计算机上，然后由复杂的计算程序进行比较和排列这些序列。应用自动化仪器的大型平行技术对基因表达研究、对蛋白质相互作用方式的研究都是非常有用的。发展机器人技术和利用来控制仪器和数据分析的计算机程序需要科学家的高超智慧。

6. 多学科交叉是当代生命科学发展的一大趋势

如果说20世纪初由于一批物理学家、化学家的加盟导致了分子生物学的诞生，那么当前数、理、化和生命科学领域的科学家的交流和合作就是孕育着又一次学科的“大爆炸”。

化学生物学和数学生物学等新兴交叉科学的产生将推动生命科学自身以及自然科学其他学科的大发展。生命科学基础研究与应用研究的结合越来越紧密，研究成果向产业转化的速度越来越快。

总之，21世纪生命科学的突破、生命活动的基本过程及其进化和分布，以及生命活动与环境相互作用的规律的揭示，将会为生命科学的开发和利用、为生物技术的腾飞提供巨大的原动力。

三、生物技术的发展

（一）生物技术的分类及应用

生物技术是以生命科学为基础而发展起来的高新技术，它包括传统生物技术和现代生物技术两部分。传统的生物技术应用历史悠久，可以追溯至前文介绍的生命科学的准备和奠基时期，主要是指旧有的制造酱、醋、酒、面包、奶酪、酸奶以及其他食品的传统工艺，基本技术特征是酿造技术。这一时期的生产过程较为简单，对设备要求不高，产品基本属于微生物初级代谢产物。

现代生物技术是现代生命科学发展及其与相关学科交叉融合的产物，可以在细胞和分子水平上定向控制生物的生长发育和代谢，使之朝向人们需要的目标发展；可以在微观层次上对生物结构进行拆合、重构，将不同生物的优良性状集中在一起，创造出新物种（基因工程）；可以利用蛋白质空间结构和生物活性之间的关系，借助计算机辅助设计和基因定位诱变与改造技术，构建出新的具有特殊功能的蛋白质或多肽产物等。

现代生物技术其核心是以DNA重组技术为中心的基因工程，还包括基因工程、细胞工程、蛋白质工程、酶工程、发酵工程等领域。

1. 基因工程

基因工程（Genetic Engineering）以分子遗传学为理论基础，以分子生物学和微生物学的现代方法为手段，将不同来源的基因按预先设计的蓝图，在体外构建杂种DNA分子，然后导入活细胞，以改变生物原有的遗传特性；使新的遗传信息在新的宿主细胞或个体中大量表达，以获得基因产物（多肽或蛋白质）。

自从 1972 年美国科学家将猿猴病毒基因组 SV40DNA、λ 噬菌体基因以及大肠杆菌半乳糖操纵子在体外重组获得成功，第二年，美国斯坦福大学的科学家在体外构建出含有四环素和链霉素两种抗性基因的重组质粒，将之导入大肠杆菌后，获得稳定表达，宣告了基因工程的诞生。在基因工程发展的初期，基因工程主要用于生产与人类健康水平密切相关的生物大分子。1977 年，日本首先在大肠杆菌克隆并表达了人的生长激素释放抑制素基因（SRM），主要用于治疗巨人症。1978 年，美国一家公司开发出利用重组大肠杆菌合成人胰岛素的先进生产工艺，使基因工程开始产业化。从此，基因工程药品的开发得到全世界制药公司的高度重视，DNA 重组技术已逐步取代传统的生物诱变育种来生产药物，大大加快新型药物的研发和生产。

20 世纪 80 年代以后，基因工程开始向用于动植物新品种的遗传改良和人体基因治疗等方面发展。1982 年，美国科学家首先培育出转基因小鼠，标志着转基因动物技术的诞生。1983 年，美国首例转基因烟草获得成功，标志着转基因技术的问世。1990 年，美国首先批准了一项人体基因治疗临床研究计划，对一名腺苷脱氨酶基因缺陷而患有重度联合免疫缺陷病症的儿童进行基因治疗获得成功，标志着生物药学工程进入了新时代。

在转基因植物研究方面，目前全球转基因生物新品种已从抗虫和抗除草剂等第一代产品，向改善营养品质和提高产量的第二代产品，以及工业、医药和生物反应器等第三代产品转变，多基因聚合的复合性状正成为转基因技术研究与应用的重点。

1997 年世界十大科技突破之首是克隆羊多利的诞生。多利是第一只通过无性繁殖产生的哺乳动物，它完全秉承了给予它细胞核的那只母羊的遗传基因。尽管有着伦理和社会方面的忧虑，但基因工程技术的巨大进步使人类对未来的想象有了更广阔的空间。

基因工程技术广泛应用于农牧业、食品工业、环境保护、医学、医药卫生等领域，为社会发展做出了巨大贡献。

2. 细胞工程

细胞工程（Cell Engineering）是应用细胞生物学和分子生物学的理论和方法，按照人们的设计在细胞水平上进行遗传操作及大规模的细胞和组织培养。

细胞工程所涉及的主要技术领域有细胞培养、细胞融合、细胞拆合、染色体操作及基因转移等方面。当前，细胞工程和基因工程一起代表着生物技术最新的发展前沿，伴随着试管植物、试管动物、转基因生物反应器等相继问世，细胞工程在生命科学、农业、医药、食品、环境保护等领域发挥着越来越重要的作用。

表 1-1 细胞工程技术的应用领域

序号	应用
1	优质植物快速培育与繁殖
2	动物胚胎工程快速繁殖优良、濒危品种
3	利用动植物细胞培养生产活性产物、药品
4	新型动植物品种的培育
5	供医学器官修复或移植的组织工程
6	转基因动植物的生物反应器工程
7	珍稀动植物资源的保存与保护
8	在遗传学、发育学等领域的理论研究
9	在能源、环境保护等领域的应用

3. 酶工程

酶工程（Enzyme Engineering）是研究酶的生产和应用的一门技术性学科，酶工程主要包括酶制剂的制备、酶的固定化、酶的修饰与改造及酶反应器的设计等技术。酶工程的应用，主要集中于食品工业、轻工业以及医药工业中。

酶工程的研究内容主要包括：①工业、医学等方面有应用价值的酶类和具有特殊性质的酶类的开发和生产，如提高在工业上有重要用途的酶（α-淀粉酶、葡萄糖淀粉酶、蛋白酶等）的产量，以及寻找具有新特性的酶（耐热酶、嗜盐酶、能适于有机溶剂中使用的酶等）。②酶的改造，酶虽然能在常温常压下起催化作用，但稳定性差，溶液状态的酶制剂使用后不能回收，成本较高。为了克服这些缺点，可将酶固定化。③生物反应器的研究和设计生物反应器。④开拓酶的应用范围，研究新的生产工艺。如：采用固定化青霉素酰胺酶的工艺连续裂解青霉素生产6-氨基青霉烷酸，以代替化学合成工艺，消除有机溶剂对人的毒害；以淀粉为原料经过三个酶的作用生产出的高果糖浆在食品和饮料工业中代替蔗糖；利用固定化酶工艺可在常温常压下氧化乙烯和丙烯生产环氧乙烷和环氧丙烷等化工产品；饮料行业中可用固定化酵母来连续生产啤酒、果酒。⑤酶工程可在食品工业的转化糖、麦芽糖、乳酪等的生产上发挥作用。⑥在医药工业中，酶工程可在三磷酸腺苷、乙酰辅酶A、多聚核苷酸、多肽激素、β-内酰胺类药物的生产上应用。酶或固定化酶还可治疗先天性缺酶病，或器官缺损引起的某些功能的衰竭、肿瘤等，固定化酶还可克服溶液酶在治疗中引起的免疫反应。⑦利用固定化生物反应器可以监测和处理含有酚、苯、硝酸盐和氰化物等有害有毒废水。⑧借助酶工程中的酶柱、酶电极、酶管等可以监测并自动控制发酵过程，也可进行血或尿中葡萄糖、胆固醇和尿素等含量的临床检验。

酶工程已在食品、医药工业显示了它的优越性。若借助基因工程的手段产生一些新特性的菌；进一步发展辅酶的固定化及其再生、增殖细胞的固定化等技术，则酶工程可在化学合成工业及能源开发等领域发挥巨大作用。

4. 发酵工程

发酵工程（Fermentation Engineering）是指采用工程技术手段，利用生物（主要是微生物）和有活性的离体酶的某些功能，为人类生产有用的生物产品，或直接用微生物参与控制某些工业生产过程的一种技术。人们熟知的利用酵母菌发酵制造啤酒、果酒、工业酒精，乳酸菌发酵制造奶酪和酸牛奶，利用真菌大规模生产青霉素等都属于发酵工程技术。随着科学技术的进步，发酵技术也有了很大的发展，并且已经进入能够人为控制和改造微生物，使这些微生物为人类生产产品的现代发酵工程阶段。

现代发酵工程作为现代生物技术的一个重要组成部分，具有广阔的应用前景。在医药工业上，基于发酵工程技术，开发了种类繁多的药品，如人类生长激素、重组乙肝疫苗、某些种类的单克隆抗体、白细胞介素-2、抗血友病因子等。在食品工业中，发酵工程技术的应用主要有三大类产品，一是生产传统的发酵产品，如啤酒、果酒、食醋等；二是生产食品添加剂；三是帮助解决粮食问题。在环境科学领域，主要涉及污水处理中微生物的强化。

5. 蛋白质工程

蛋白质工程（Protein Engineering）这一名称是由1981年美国基因公司的Ulmer提出的，它是指在基因工程的基础上，结合蛋白质晶体学、计算机辅助设计和蛋白质化学等多学科知识，按照人们意志改变蛋白质的结构和功能或创造新的蛋白质的技术。包括在体外改造已有的蛋白质，化学合成新的蛋白质，通过基因工程手段改造已有的或创建新的编码蛋白质的基因去合成蛋白质等。蛋白质工程技术广泛应用于制药及其他工业生产中。

蛋白质工程最典型的应用就是嵌合抗体和人源化抗体的制备及生产。免疫球蛋白由两条重链和两条轻链通过二硫键相互连接而构成，呈 Y 形。每条链可分为可变区（N 端）和恒定区（C 端），抗原的吸附位点在可变区，细胞毒素或其他功能因子的吸附位点在恒定区。每个可变区中有三个部分在氨基酸序列上是高度变化，在三维结构上是处在 β 折叠端头的松散结构（CDR），是抗原的结合位点，其余部分为 CDR 的支持结构。不同种属的 CDR 结构是保守的，这样就可以通过蛋白质工程对抗体进行改造。

鼠单克隆抗体被人体免疫系统排斥，它潜在的治疗作用得不到利用。嵌合抗体就是用人抗体的恒定区替代鼠单克隆抗体的恒定区，这样它的免疫原性就显著下降，如用于治疗直肠结肠腺癌的单克隆抗体 Mab17 - 1A。尽管嵌合抗体还存在着免疫原的问题，但仍有几种嵌合抗体通过了临床实验。所谓人源化抗体就是将抗原吸附区域嫁接到人抗体上，这样抗体上的外源肽链降低到最小，免疫原性也就最小。但是，仅将 CDR 转接到人抗体上，其抗原吸附能力很小，必须带上几个框架氨基酸残基，才能保持原有的吸附力，这样就存在免疫原性与抗原吸附力之间的矛盾。通过逐个氨基酸替代或计算机模拟分析，可在保持原有吸附力的基础之上，尽可能地降低免疫原性。第一个临床上应用的用于治疗淋巴肉芽肿病和风湿性关节炎的人源化抗体 CAMPATH - 1H，尽管疗效显著，但仍有半数以上的患者有免疫反应。而其他人源化抗体如治疗脊髓性白血病的 ANTI - CD33 等，其免疫反应可以忽略不计。

现代生物技术各分支领域相互联系、相互渗透，广泛应用于医药、农业、畜牧业、食品、化工、资源、环境等行业，与社会发展和人们的生活密切相关。

（二）生物技术与经济、社会发展

科学的进步、工业化的发展促进了世界社会和经济的发展。近代科技史表明，每一次重大的科学发现和技术创新，都使人们对客观世界的认识产生一次飞跃；每一次技术革命浪潮的兴起，都使人们改造自然的能力和推动社会发展的力量提高一个新的水平。在当代，生物技术的飞速发展在很多方面促进了经济社会的发展。

1. 生物技术与农业发展

生物技术可以改善农业生产，解决粮食短缺等问题。目前，世界人口已达65 亿，21 世纪中期很可能突破100 亿大关，而耕地面积不可能再增加。因此，在今后几十年要满足世界人口对食品的需要，必须依靠生命科学和生物技术培育优良品种，提高农作物产量及其品质。当前，基因工程、细胞工程、分子生物学等现代生物技术在植物种植业中正发挥着越来越重要的作用。

转基因动植物由于植入了新的基因，使得动植物具有了原先没有的全新的性状，这引起了一场农业革命。自1996 年首例转基因农作物产业化应用以来，全球转基因技术研究与产业应用快速发展，发达国家纷纷把发展转基因技术作为抢占未来科技制高点和增强农业国际竞争力的战略重点，发展中国家也积极跟进。

截至2009 年年底，全球已有25 个国家批准了24 种转基因作物的商业化应用。以转基因大豆、棉花、玉米、油菜为代表的转基因作物种植面积，由1996 年的2550 万亩发展到2009 年的20 亿亩，14 年间增长了79 倍。美国仍然是最大的种植国，2009 年种植面积9. 6 亿亩；其次是巴西，种植面积3. 21 亿亩；阿根廷，种植面积3. 195 亿亩；印度，种植面积1. 26 亿亩；加拿大，种植面积1. 23 亿亩；中国，种植面积5550 万亩；巴拉圭，种植面积3300 万亩；南非，种植面积3150 万亩。值得一提的是，2000 年以来，美国先后批准了6 个抗除草剂和药用转基因水稻，伊朗批准了1 个转基因抗虫水稻商业化种植；加拿大、墨西哥、澳大利亚、哥伦比亚4 国批准了转基因水稻进口，允许食用。据统计，1996 年至2007 年，全球转基因作物的累计收益高达440 亿美元，累计减少杀虫剂使用35. 9 万吨。2008 年，全球转基因产品市场价值达到75 亿美元。

在农业生产中，除了转基因作物的大力发展外，利用细胞工程技术可以对优良品种进行大量的快速无性繁殖。该项技术又称为植物的微繁殖技术。该技术利用植物细胞的全能性，通过在试管中培养诸如根、茎、叶、果、胚珠、花药或花粉等的植物器官或组织中的细胞，使之生长为所谓的“愈伤组织”。愈伤组织具有很强的繁殖能力，可在试管中大量繁殖，在一定的植物激素作用下，愈伤组织即可分化为根、茎、叶，成为一株小苗。自1974 年以来，人们已经对130 个属的近1000 种植物种类进行了微繁殖，创造了巨大的经济效益，其中最主要是花卉观赏植物，已经进行微繁殖的有近80 个属的450 种植物，其次为果树林木、蔬菜和农作物等。与常规的有性繁殖和无性繁殖相比，该技术可以在短期内，利用少量外植体或起始材料，在较小的空间内快速生产，具有小型、高效、高产、高经济效益等特点。我国已建立了多种植物的微繁殖生产基地，如苹果、香蕉、葡萄、柑橘和花卉等，已实现了产业化生产。

生物固氮在农业生产中具有十分重要的作用。氮素是农作物从土壤中吸收的一种大量元素，土壤每年因此要失去大量的氮素。土壤可以通过两条途径获得氮素：一条是含氮肥料（包括氮素化肥和各种农家肥料）的施用；另一条是生物固氮。科学家在20世纪80年代推算过，全世界每年施用的氮素化肥中的氮素大约有8×10^7t，而自然界每年通过生物固氮所提供的氮素，则高达4×10^8t。我国已成功构建了多种水稻根际粪产碱菌（Alcaligenes faecalis）的耐胺工程菌。施用这种细菌可节约化肥1/5，平均增产5%～12.5%。

生物农药的使用促进了农业生产的可持续发展以及建设环境友好型社会的实现。生物农药利用生物活体或其代谢产物对害虫、病菌、杂草、线虫、鼠类等有害生物进行防治，或者是通过仿生合成具有特异作用的农药制剂。其有效活性成分完全存在和来源于自然生态系统，它的最大特点是极易被日光、植物或各种土壤微生物分解，是一种来于自然，归于自然正常的物质循环方式。因此，可以认为它们对自然生态环境安全、无污染，发展潜力巨大。

2. 生物技术与工业、能源、环境的发展

生物技术与工业、能源和环境的发展密切相关。我国在经历了30多年的高速发展后，正面临着资源、能源、环境等可持续发展的巨大压力，以及经济增长方式转变的挑战。

在第五届中国工业生物技术发展高峰论坛上，中国科学院副院长、中国科学院院士李家洋说："经济转型发展离不开创新科技的支撑，发展工业生物技术是实现经济社会可持续发展的重要战略途径。"工业生物技术的重要性已被各国所知悉，据经合组织（OECD）预计，到2030年大约有35%的化学品来自工业生物技术。李家洋说，工业生物技术必将成为生物技术发展的中坚力量，以合成生物学、系统生物学为代表的前沿科技，将催生全球工业生物技术的新革命。

能源是人类赖以生存的物质基础之一。但是，随着地球上化石能源物质的不断消耗殆尽，能源问题已成为21世纪人类面临的最大问题。人们必须通过寻找、改善和提高可再生能源的利用率以及发明新技术来最大限度地开采不可再生性的化石燃料。目前，世界各国已经利用或正在利用现代生物技术来提高不可再生性能源开采率和创造更多的可再生性能源。

我国油脂资源短缺，长期大量进口油脂，据农业部中国农业信息网统计数据显示，2009 年植物油净进口量近 940 万吨，同年净进口植物油籽 4500 余万吨。由于我国耕地资源匮乏，油脂加工相关行业迅速发展，油脂资源供给问题是当前及未来相当长时间内生物柴油及相关产业发展的瓶颈。油脂发酵技术可将碳水化合物转化为油脂，对高效利用生物资源、满足持续增长的油脂资源需求具有战略意义。通过油脂发酵技术，将生物资源中的碳水化合物部分转化为微生物油脂，形成几乎不额外占用耕地，不仅促进生物柴油产业可持续发展，还将拉动农林废弃物生物材料利用，保护生态环境，促进社会经济协调发展。

在生物柴油的开发利用方面，科学家提出了以高含油微藻制备生物柴油的第 3 代生物液体燃料技术，微藻生物能源已成为国际生物能源领域研究的前沿和各国尤其是西方发达国家科技竞争的热点。

随着传统化石能源的日益减少及实现低碳经济的迫切需要，生物质能源的开发日益受到人们的重视。生物质是太阳能储存的重要载体，也是自然界唯一可再生有机碳资源。我国生物质资源丰富，农作物秸秆年产量达 7 亿吨，林业剩余物为 3 亿多吨。生物质能高新转换技术不仅能够大大加快村镇居民实现能源现代化进程，满足农民富裕后对优质能源的迫切需求，同时也可在乡镇企业等生产领域中得到应用。由于我国地广人多，常规能源不可能完全满足广大农村日益增长的需求，而且由于国际上正在制定各种有关环境问题的公约，限制 CO_2 等温室气体排放，这对以煤炭为主的我国是很不利的。因此，立足于农村现有的生物质资源，研究新型转换技术，开发新型装备既是农村发展的迫切需要，又是减少排放、保护环境、实施可持续发展战略的需要。环境的生物复原，“环境病”是发展中国家居民的一大“杀手”，而有机污染物和铅、汞、镉等重金属污染又是其中之最。生物复原依靠微生物和植物来降解、吸收这些污染，相对技术难度和成本都较低，值得推广。

3．生物技术与医疗卫生

医学领域是现代生物技术应用最广泛、成绩最显著、发展最迅速的领域。据统计，目前生物技术的实际应用约 60% 是在医药卫生方面。生物技术对疫苗生产、疾病诊断、生物制药等领域都有很大影响，另外生物技术对人类健康、延长人类寿命、提高生活质量都具有不可估量的作用。

利用生物技术开发出的新疗法日益增多，在治疗遗传性疾病和免疫系统疾病方面，尤为突出。例如，美国国立卫生研究院的科学家用基因疗法治疗一名腺苷脱氨酶缺乏症的患儿。他们将能分泌腺苷脱氨酶的健康基因注入患儿体内，患儿免疫系统缺陷得到修复，功能恢复正常。我国复旦大学遗传研究所与长海医院合作，采用反转录病毒基因转移技术，治疗两例血友病患者，取得了显著疗效。长期依靠输血维持生命的患者，关节出血、肌肉萎缩等症状大为改善，体内凝血因子浓度成倍上升，凝血活性大大提高，这是迄今世界上治疗血友病疗效最好的一例。基因治疗是利用分子生物学方法将目的基因导入患者体内，使之表达目的基因产物，从而使疾病得到治疗。

细胞治疗是细胞研究转化应用于临床的典型案例。作为再生医学的一个重要组成部分，细胞治疗在遗传病、癌症、组织损伤、糖尿病等的治疗中展示出越来越高的应用价值，特别是在严重肝脏疾病的治疗方面，已经取得了一定的进展和突破。我国细胞治疗技术起步早、起点高，有前期研究经验，正处于快速发展时期。国内临床上开展了自体 DC、DC－CIK 细胞移植治疗糖尿病、肝硬化、帕金森病、肾衰竭、肿瘤疾病，均获得了较好的治疗效果。

现在世界上已有 50 多种生物技术新型药物和疫苗投放市场，我国已有自行研制的 15 种新型药物投放市场。科学家认为，基因工程师在今后几年内，将有可能研制出治疗免疫系统疾病、心血管疾病和癌症等顽疾的基因工程药物。生物技术药物的原始材料是细胞及其组成分子，重点是应用 DNA 重组技术生产的蛋白、多肽、酶、激素、疫苗、细胞生长因子及单克隆抗体等。生物技术药物已经广泛用于治疗癌症、艾滋病、冠心病、多发性硬化症、贫血、发育不良、糖尿病、心力衰竭、血友病、囊性纤维变性和一些罕见的遗传疾病。

当前，世界各国均增加对生物技术研究的投入，大力发展生物技术产业，开发生产生物技术产品。随着时间的推移，生物技术产业在规模和重要性方面，都将超过计算机工业，成为 21 世纪发展最迅速的产业。21 世纪将是生命科学的世纪！

（三）生物技术带来的一些社会问题

生物技术是一把双刃剑。人们在享受生物技术所带来的种种好处的同时，也不得不面对生物技术的发展带给人类的忧虑，甚至还可能是灾难。人们对生物技术带来的伦理问题、社会问题的担忧主要来自以下几个方面：

1. 克隆技术

从技术和原理上，动物克隆能获得成功，人的克隆也应该能做到。但是，克隆人牵涉法律、血缘、社会关系、人的尊严、生命价值以及人性道德的问题，人类必须坚决反对“克隆人”。

2. 转基因作物安全性问题

转基因作物及食品的安全性现在还无法给出确定的答案。我们无法预知未来，也不敢判断当转基因作物大规模地走向田间地头时，会不会破坏生态平衡，带来生态灾难？大自然的生态平衡是建立在无数物种相互制约又相互依赖的基础上的。如果把一些害虫赶尽杀绝，田里种的全是“刀枪不入”的“铁杆庄稼”是否一定就是好事？

3. 试管婴儿技术

随着试管婴儿技术的逐渐成熟，它的应用范畴被拓宽，出现了像“借用子宫”“代理母亲”“借用精子”等令人忧虑的现象。在某种意义上给予传统的家庭伦理、社会道德伦理等方面以强烈的冲击，使得人们还未来得及细细品味该技术带来的惊喜，就必须直面并解决这些棘手的新难题。

4. 基因检测带来的问题

基因检测结果使人们能够了解人类群体和个体的遗传信息，对于自身存在的问题更加清楚。但属于当事人个人产权的基因信息因某种原因被泄露到社会中，就可能带来基因歧视的问题。例如，健康保险公司为了减少风险，获取更多的利润，就会拒绝一些具有遗传性疾病基因的个人投保或取消不利于公司的保险条款。此外，个人的基因信息泄露还可能在婚姻、儿童收养、夫妻关系等方面带来严重的歧视后果。

第二章　基因组学

一、概述

（一）基因与基因组

我们知道生命秘密在于基因，基因作为生物的遗传信息，与人类的生老病死密切相关。人类最早对于基因的研究要源于17世纪的孟德尔，孟德尔通过豌豆有性杂交实验，揭示了生物遗传变异的两大规律，即分离规律和自由组合规律，并认为控制生物性状的物质为“遗传因子”。1909年，丹麦遗传学家约翰逊在《精密遗传学原理》一书中提出“基因”概念，用以代替孟德尔假定的“遗传因子”，“基因”一词一直伴随着遗传学发展至今。现代遗传学认为一个基因是合成一条有功能的多肽或RNA所必需的完整的DNA序列。现代基因的概念将基因的结构与功能联系起来，强调基因是合成一条有功能多肽或RNA分子所需要的完整的DNA序列。基因组是指一个物种单倍体的染色体的数目及其携带的全部基因。也就是说，基因组是生物体内遗传信息的集合。一个物种经过长期的进化，其形态特征是相对稳定的。同样，一个物种单倍体基因组的DNA含量是相对恒定的，称为DNA的C值。对不同的生物物种的C值进行测定，发现不同物种之间的C值差异极大，最小的C值是支原体的，小于106bp，而一些显花植物和两栖动物的C值可高达1011Mbp。一般来说，随着生物的结构和复杂程度的增加，需要的基因数和基因产物种类越多，C值就越大（表2－1）。然而，生物体的C值大小并不能完全反映生物进化程度和遗传复杂性的高低。也就是说，进化程度高的生物的C值并不一定大于进化程度低的生物。例如，作为万物之灵的人类的C值只有10^9 bp，远不及小麦的C值大。这种物种的 C 值与它的进化复杂度之间并没有十分严格的对应关系，这种现象称为 C 值悖理（C – Value paradox）。C 值悖理现象使人们意识到真核生物基因组中必然存在大量的不编码基因产物的 DNA 序列。人类最开始对基因的研究是从单个基因进行研究，研究每个基因的结构和功能，并取得了很大的成效。但后来的研究发现，人类基因之间的作用不是单一的，很多情况下几个基因共同控制生物的一个性状，也有一种情况是一个基因控制多个性状。人们意识到如果把生物的基因作为一个整体进行研究，有可能获得更多的有关基因的信息，这就涉及基因组学的研究内容。

表 2 – 1　不同生物的基因组大小

生物名称	基因组大小/bp
T4 噬菌体	2.0×10^{5}
大肠杆菌	4.2×10^{6}
酵母	1.5×10^{7}
拟南芥	1.0×10^{8}
线虫	1.0×10^{8}
果蝇	1.65×10^{8}
水稻	4.3×10^{8}
老鼠	3.0×10^{9}
人	3.3×10^{9}
大麦	5.3×10^{9}
玉米	5.4×10^{9}
小麦	1.6×10^{11}

（二）基因组学的概念

要从整体上认识生物的基因组的结构和功能，最好的办法是把一个物种的全部基因进行测序，分析每个基因的功能及其相互之间的作用，这是基因组学要研究的内容。1986 年，Renato Dulbecco 是最早提出人类基因组定序的科学家之一。他认为如果能够知道所有人类基因的序列，对于癌症的研究将会很有帮助。后来科学家提出了基因组学的概念，它是指对所有基因进行基因组作图[包括遗传图谱（Genetic Map）、物理图谱（Physics Map）、转录图谱]，核苷酸序列分析，基因定位和基因功能分析的一门科学。基因组研究应该包括两方面的内容：以全基因组测序为目标的结构基因组学和以基因功能鉴定为目标的功能基因组学，其中功能基因组学又被称为后基因组学（Postgenome）。

二、人类基因组计划

（一）人类基因组计划的提出

人类基因组计划（Human Genome Project，HGP）是当代生命科学中最伟大的事件，与阿波罗登月计划和曼哈顿原子弹计划一样成为人类历史上最为重要的科学工程，其影响比其他任何科学事件都深远。人类基因组计划最早于1986年由美国能源部正式提出，并提出了“人类基因组计划”草案。1990年，经美国国会批准，由美国能源部和国立卫生研究院共同合作启动人类基因组计划。人类基因组计划的主要目标是花费30亿美元，用15年时间完成人类基因组的30亿个碱基对的全部序列的测定工作。随后，英国、日本、法国、德国、中国先后加入，人类基因组计划成为一个国际合作的科研项目。

（二）人类基因组计划的内容

人类基因组计划内容包括4张图，也就是要构建遗传图谱、物理图谱、基因组序列图谱和基因图谱。人类基因组计划最终的目的就是把人体30亿个碱基对排列顺序确定下来，这涉及基因序列测定问题。而遗传图谱和物理图谱是全基因组测序和组装的基础。在基因组分析中，遗传图谱和物理图谱技术分别提供大尺度和小尺度的图谱，在图谱的帮助下可以将测定的DNA序列组装到正确的位置。

1. 遗传图谱的构建

遗传图谱是指具有遗传多态性的遗传标记为“路标”，以遗传学距离为图距的基因组图，也称为遗传连锁图谱。遗传图谱的建立为基因识别和完成基因定位创造了条件，不同物种的遗传图谱可以提供基因或遗传标记在染色体的相对位置。遗传图谱的构建需要有能够进行检测的遗传标记。遗传标记（Genetic Marker）是可识别的等位基因，可以作为遗传标记的种类，主要分为形态学标记（Morphological Marker）、细胞学标记（Cytological Marker）、生化标记（Biochemical Marker）和DNA标记（Molecular Marker）。由于形态学标记、细胞学标记和生化标记数量少，检测不方便，不适合于大规模遗传作图。人类遗传图谱构建所用的遗传标记为DNA标记，也称为分子标记，是以个体间遗传物质内核苷酸序列变异为基础的遗传标记，是DNA水平遗传多态性的直接的反映。常见的分子标记类型包括有四类：第一类是以分子杂交为基础的分子标记，如限制性内切酶长度多态性（Restriction Fragment Length Polymorphism，RFLP）。第二类是以PCR为基础的分子标记微卫星标记（microsatellite），又称简单重复序（Simple Sequence Repeats，SSR），常见的有随机长度扩增片段多态性（Random Amplified Polymorphism DNA，RAPD）。第三类是基于PCR和限制性内切酶的DNA标记，这类标记结合了PCR和限制性内切酶的特性，以扩增片段长度多态性（Amplified Fragment Length Polymorphism，AFLP）为代表。第四类是以基于芯片检测的DNA标记，如单核苷酸的多态性（Single Nucleotide Polymorphisms，SNP）标记。

遗传图谱的构建基因原理是染色体之间的交换和重组，通过计算两个基因之间的交换率，可以确定基因在染色体的相对位置，就可以绘制出基因之间的连锁图谱，即我们所说的遗传图谱。生物的基因定位一般采用两点测验和三点测验，借助的是形态学标记，构建以形态标记为主的生物遗传图谱，比如果蝇的遗传图谱。由于形态标记数量有限，构建的遗传图谱实用性不大，随着分子标记技术的发展，生物的遗传图谱构建以分子标记为基础进行构建，但其基本的原理还是一样的。在水稻中已构建了高密度的遗传图谱，2000年发表的水稻遗传标记数量已超过3000个，许多农作物如玉米、小麦、大豆、棉花等都构建有高密度的遗传图谱。人类基因定位不能采用两点测验和三点测验的方法，主要利用家系分析法，在获得相应的RFLP或其他分子标记后，可以采用一定的方法构建RFLP连锁图或其他分子标记的连锁图。人类基因组计划提出之后，首先要构建一份遗传密度达到1000 kb的遗传图谱，只有在此基础上，才有可能进一步构建更为精密的物理图谱，最终实现测序的目标。利用家系分析方法，人类基因组一个研究小组在收集了8个家系的134个成员进行研究的基础上绘制出了人类1～22号染色体图谱。为了绘制X染色体，增加了12个家系170个成员，将5264个标记定位在2335个染色体位点，整个遗传图谱密度平均为559 kb，达到最初确定的目标。

2．物理图谱的构建

遗传图谱构建以后，接下来的工作就是构建真实反映染色体上基因或标记间实际距离的物理图谱。物理图谱是将基因组以 DNA 片段或核苷酸序列排列而成的图谱。物理图谱依其产生的方法不同分为两类：限制性酶切图谱、重叠群图谱（Contig Map）。限制性酶切图谱是指限制性酶切位点在 DNA 分子上的分布图，DNA 分子上的酶切位点可以作为一种 DNA 标记定位重要的特征区域。重叠群图谱是将一套部分重叠的大片段基因组 DNA 分子（YAC 或 BAC 克隆等的插入片段）依其在染色体上的位置顺序排列，不间断地覆盖着染色体上一段完整的区域。

（1）限制性酶切图谱的构建。

限制性酶切图谱是指用稀有酶切位点的限制性内切酶切割单条染色体，以重复序列中的“核心序列”为探针进行 Southern 印迹杂交，形成多个限制酶切杂交带，绘出捕获相关序列（基因）的限制性内切酶图谱。这种不同克隆片段的 DNA 特征就如同给出的 DNA 指纹，又称 DNA 指纹法。

1985 年，Jeffery 等首次利用串联的短重复序列形成的 RFLP 作为不同个体的特征标记。其基本过程是：用稀有酶切位点的 Hinf 酶（此酶在重复序列中不存在切点）剪切基因组 DNA，形成长短不等的 DNA 片段，电泳后形成不同距离的电泳带，用^{32}P 标记的核心序列做杂交探针，放射性自显影显带，根据杂交带的特异性进行个体鉴定。在此基础上，将 RFLP 与 PCR 结合应用，使检测效率大大提高。用 PCR 扩增待测基因和探针片段，以适宜的限制性内切酶消化 PCR 产物，再将消化后的 PCR 产物变成单链，用凝胶电泳分离单链 DNA。这样，基因突变的单链 DNA 可通过在同一块胶膜的单链 DNA 电泳迁移率上反映出来。目前，限制性酶切位点 DNA 指纹法已应用于法医学检测和亲子鉴定等方面的研究。

（2）重叠群物理图的构建。

重叠群物理图的构建步骤：先确定克隆之间的相互重叠关系从而得到物理图的基本框架——重叠群，再借助染色体特异性的分子标记将重叠群定位在染色体上。常用的方法如菌落杂交法、分子标记法和序列标签接头法等。

人类基因组物理图谱绘制稍迟于遗传图谱。人类基因组序列开始测定时，已有 45 万个 EST 序列测定，包括有一些重复序列，经计算机分析筛选后获得 49 625 个，各代表一个基因，再从中筛选出 3 万个 EST，2 个辐射杂交系库，1 个有 33 000 个克隆的 YAC 文库，用于构建物理图谱。1995 年发表的人类基因组 STS 图含有 15 086 个 STS，平均密度为 199 kb。1996 年，这份物理图谱又增加 STS 标记，其中大多数是 EST，从而将大多数蛋白编码基因定位到物理图谱上，物理图谱的密度为 100 kb 1 个标记，实现最初的人类基因组确定的物理作图目标。1998 年，科学家将物理图谱和遗传图谱整合，产生一份具有综合性的完整的基因组图，使之成为人类基因组计划测序的工作框架。

3. 基因组序列图谱

在完成遗传图谱和物理图谱之后，基因组测序工作就成为极为重要的工作。基因组序列图谱是指一个物种全部基因序列的排列顺序，要知道一个物种的全基因组序列，需要对该物种进行全基因组测序。全基因组测序是指利用一系列的方法对一个物种整个基因组的核苷酸进行解读、分析，并按照一定原则把整个基因组的核苷酸在染色体上按线性方式排列。由于技术的限制，对于一些较短的 DNA 片段，可以直接进行测序，而生物的基因组序列太大，无法进行直接测序。目前广泛应用的有两种测序策略：全基因组鸟枪法和逐步克隆测定法。人类基因组测序分别采用这两种方法。全基因组鸟枪法主要步骤包括：①建立高度随机、插入片段大小为 2 kb 左右的基因组文库；②高效、大规模的末端测序，对文库中每一个克隆，进行两端测序；③序列集合和组装，通过大型计算机将测序数据进行分析、集合；④填补缺口。全基因组鸟枪法无须事先制作精细的物理图谱，能避免亚克隆排序所需的大量烦琐工作。病毒、细菌、果蝇等基因组的测序采用这种方法。但对于人类基因组来说，由于人类基因组中经常存在高比率重复序列，会出现错拼以及因读序长度所限无法跨越缺口（gap）而遗留间隙，给组装带来困难。塞莱斯遗传公司的人类基因组测序即采用这种方法。而国际人类基因组测序小组采用逐步克隆测定法的测序策略。第一步，将 BAC 克隆用限制酶处理获得指纹，然后利用指纹重叠方法组建 BAC 克隆重叠群。第二步，在每个 BAC 克隆内部采用全基因组鸟枪法测序，然后进行顺序组装。第三步，将 BAC 插入顺序与 BAC 克隆指纹及重叠群体对比，将已阅读的顺序锚定到物理图谱上。

4. 基因图谱

基因图谱是在识别基因组所包含的蛋白质编码序列的基础上绘制的结合有关基因序列、位置及表达模式等信息的图谱。在人类基因组中鉴别出占据 2% ~5% 长度的全部基因的位置、结构与功能，最主要的方法是通过基因的表达产物 mRNA 反追到染色体的位置。

（三）人类基因组计划研究进展

人类基因组计划启动后，先后有英国、日本、法国、德国、中国等国家研究机构加入。1998 年 5 月，美国塞莱拉遗传公司用最先研制成功的毛细管自动测序仪进行测序，并计划投入 3 亿美元，计划用 3 年时间完成人类全基因组测序工作，与国际人类基因组计划开展竞争，此举也加快了国际人类基因组联合研究小组的测序步伐。2000 年 6 月 26 日，参与国际人类基因组计划的美国、英国、德国、日本、法国和中国等 6 国 16 个中心联合宣布，人类有史以来第一个基因组“工作框架图”已经绘制完成。2001 年 2 月 15 日，世界著名 *Nature* 杂志发表了《人类基因组的初步测序及分析》一文，该论文是人类基因组计划所取得的重要成果。与此同时，塞莱拉遗传公司也公布了人类基因组测序结果。2003 年 4 月 15 日，适逢 DNA 双螺旋结构的发现 50 周年纪念日，美国、英国、日本、法国、德国和中国的政府首脑共同宣布《六国政府首脑关于完成人类基因组序列图的联合声明》，对人类基因组计划的完成表示祝贺。

表 2－2　人类基因组计划发展大事记

时间	重大事件
1986 年 3 月	美国科学家提出人类基因组计划
1990 年 10 月	美国正式启动人类基因组计划项目
1998 年 5 月	美国塞莱拉遗传公司宣布独立进行人类基因组测序，并计划 2001 年完成人类基因组全序列测定，与国际人类基因组计划开展竞争
1999 年 9 月	中国加入国际人类基因组计划，承担 1% 的测序任务
1999 年 11 月	国际人类基因组计划联合研究小组宣布完成人体第 22 对染色体测序工作
2000 年 6 月	科学家宣布完成人类基因组的“工作草案”
2001 年 2 月	2001 年，国际人类基因组联合研究小组和赛莱拉公司同时公布了它们的人类基因组序列草图
2003 年 4 月	科学家宣布人类基因组测序工作结束

（四）我国人类基因组研究计划

作为参与这一计划的唯一发展中国家，我国于 1999 年跻身人类基因组计划，承担了 1% 的测序任务。虽然参加时间较晚，但是我国科学家提前 2 年于 2000 年 8 月 26 日绘制完成“中国卷”，赢得了国际科学界的高度评价。我国承担的测序工作区域位于人类 3 号染色体短臂上。该区域约占人类整个基因组的

1%。承担此项工作的研究机构包括北京华大基因研究中心、国家人类基因组北方研究中心和国家人类基因组南方研究中心。我国作为唯一发展中国家参与人类基因组测序工作，使得我国在这一领域的研究工作在世界处于先进行列，对我国争取基因产业的话语权和推动生物产业发展起着不可估量的作用。

三、其他生物基因组计划进展

人类基因组计划离不开模式生物的研究，人类基因组测序工作的完成得益于其他模式生物测序工作的开展。1980 年，噬菌体 Φ - X174 （5368 碱基对）完全测序，成为第一个测定的基因组。1995 年，嗜血流感菌（Haemophilus influenzae，1.8 Mb）测序完成，是第一个测定的自由生活物种。1997 年 9 月，大肠杆菌的完整基因图谱绘制成功，基因组全序列完成，全长为 5 Mb，共有 4288 个基因，同时也弄清了所有基因产物的氨基酸序列。1997 年，啤酒酵母，第一个真核生物基因组图谱公布。1998 年 12 月完成了秀丽线虫（Caenorhabditis Elegans）基因组测序，其基因组大小 100 Mb，分布于 6 条染色体，预测有 19099 个基因。Celera 公司 2000 年 3 月宣布了果蝇基因组全序列为 180 Mb，有 13601 个基因，其中一半的基因功能还没有搞清楚，有 1600 个碱基跨度区仍未能完全测序。2000 年 12 月，第一个植物基因组——拟南芥基因组被全部测序，遗传图谱、物理图谱建立，序列大小为 125 Mb。基因组测序区段覆盖了全基因组的 115.4 Mb，分析共含有 25498 个基因，编码蛋白来自 11000 个家族。同样，人类基因组计划工作也为其他生物的测序工作提供了参考，使得其他生物的测序工作得以快速开展。水稻是世界上最重要的粮食作物。水稻是双子叶模式植物，共有 24 条染色体，全基因组共有 430 Mbp 碱基。1998 年，国际水稻基因组测序计划正式启动，这是继人类基因组计划后又一重大国际合作项目。2002 年 11 月水稻第四号和第一号染色体 DNA 序列公布。

四、功能基因组学

（一）功能基因组学概念

随着人类基因组大规模测序工作的结束，人们发现面对海量的 DNA 序列数据信息，如何对这些数据进行解析是科学家面临的一个新的挑战。为了更好地利用测序所得的数据信息，科学家的研究重点也从基因组测序转向以鉴定为中心的“功能基因组学”，这也标志着一个以破译、解读、开发基因组功能为主要研究内容的时代已经开始。功能基因组学是指利用结构基因组测序所提供的信息和产物，发展和应用新的实验手段，通过在基因组或系统水平上全面分析基因的功能，使得生物学研究从对单一基因或蛋白质的研究转向多个基因或蛋白质同时进行系统的研究。功能基因组学也称为后基因组学，是在基因组静态的碱基序列弄清楚之后转入对基因组动态的生物学功能学研究。

（二）功能基因组学研究的内容

1. 研究基因的功能

基因通过转录、翻译得到蛋白质，实现基因的表达，也就是基因功能的实现。基因的功能是多种多样的，基因的功能主要包括：生物化学功能，如作为蛋白质激酶对特异的蛋白质进行磷酸化修饰；细胞学功能，如参与细胞间和细胞内的信号传递途径；发育的功能，如参与形态建成等。

2. 基因组的表达及时空调控的研究

一个生物个体或一个细胞要正常生长发育，与基因的表达密切相关，现在对基因表达过程中时空调控的研究引起人们的广泛关注。一个细胞的转录表达水平能精确而特异地反映其类型、发育阶段以及反应状态。因此，功能基因组学的一个主要研究内容，就是全方位地研究生物体的基因在不同条件、不同状态下的表达水平及形成这种特定的表达状况的调控机理。

3. 蛋白质组及蛋白质组学研究

研究基因的功能，除了在基因组水平研究基因的整体功能之外，更为深入的研究是蛋白质组的水平研究，毕竟蛋白质才是生命活动最终的体现者。蛋白质组学是不同时间和空间发挥功能的特定蛋白质群体的研究。它从蛋白质水平上探索蛋白质作用模式，为功能机理、调节控制、药物开发、新陈代谢途径等提供理论依据和基础。蛋白质组学旨在阐明生物体全部蛋白质的表达模式及功能模式，内容包括鉴定蛋白质表达、存在方式（修饰形式）、结构、功能和相互作用方式等。

4. 功能基因组多样性研究

由于基因表达过程非常复杂，相同的基因，在不同生物个体之间表达存在多样性。我们知道，生物多样性是自然界普遍存在的问题，生物多样性在基因水平上就是遗传多样性，其实质是基因多样性。人类是一个具有多态性的群体，不同群体和个体在生物学性状及在对疾病的易感性或抗性上存在差别。在全基因组测序基础上进行个体水平再测序来直接识别序列变异，以进行多基因疾病及肿瘤相关基因的研究，将成为功能基因组时代的热点。

5. 模式生物体基因组研究

在后基因组时代，研究生物基因的功能的任务之一是鉴定基因的功能，研究基因功能的方法有很多，其中最有效的方法是观察基因表达被阻断或增加后在细胞和整体水平所产生的表型变异，因此需要建立模式生物体。应用模式生物体的好处就是可以人为地对基因进行改造，研究基因的功能，再利用模式生物体基因组与人类基因组之间编码顺序上和结构上的同源性，可以克隆人类疾病基因，揭示基因功能和疾病分子机制，阐明物种进化关系及基因组的内在结构。

（三）功能基因组学研究技术

1. T－DNA 或转座子插入突变

突变体是某个性状发生可遗传变异的材料，或某个基因发生突变的材料。突变体是研究功能基因组的前提，任何基因的发现和定位都离不开突变体。植物的表型经常与基因的功能相联系，突变体的表型通过形态学和生理生化水平的变化表现出来，并为不同的代谢过程中相互作用的研究提供可用的信息，是揭示基因功能的切入点。产生突变体除了可以通过自发诱变、化学诱变和物理诱变以外，还可以通过 T－DNA 或转座子插入构建突变库。比如利用 T－DNA 插入突变，可筛选获得白化苗、黄化苗、生育期变异、卷叶等突变体。转座子、T－DNA 和逆转座子的插入可以通过提供 PolyA 位点或改变 RNA 剪接位点扰乱基因的表达或改变启动子的功能，也可以插入到基因内部改变其编码框，产生出不同的蛋白质。在获得突变体后，应对突变体进行遗传分析，鉴定突变基因的遗传行为，为鉴定基因打下基础。如果经实验证实突变是单基因引起的，就可以通过 T－DNA 标签法克隆基因。

2. 基因表达序列分析

为了大规模测定基因的表达，1992 年 Okubo 等提出了基因表达的物理图谱的概念，其主要内容为：测定 cDNA3′末端的部分序列，比较各种不同组织类型细胞的 cDNA 的种类和数量即构成基因表达图谱。

3. 差异显示反转录 PCR 技术

mRNA 差异显示技术是由美国波士顿 Dena – Farber 癌症研究所的 Liang Peng 博士和 Arthur Pardee 博士在 1992 年创立的，也称为差示反转录 PCR（Differential Display of Reverse Transcriptional，PCR），简称 DDRT – PCR。mRNA 差异显示技术是将 mRNA 反转录技术与 PCR 技术两者相互结合发展起来的一种 RNA 指纹图谱技术，具有简便、灵敏、RNA 用量少、效率高、可同时检测两种或两种以上经不同处理或处于不同发育阶段的样品。其基本原理是：几乎所有的真核基因 mRNA 分子的 3' – 末端，都带有一个多聚的腺苷酸结构，即通常所说的 poly（A）尾巴。因此，在 RNA 聚合酶的作用下，可按 mRNA 为模板，以 oligo（dT）为引物合成出 cDNA 拷贝；根据 mRNA 分子 3' – 末端序列末端结构的分析可以看到，在这段 poly（A）序列起点碱基之前的一个碱基，除了为 A 的情况之外，只能有 C、G、T 三种可能。根据这种序列结构特征，P. Peng 等人设计合成三种不同的下游引物，它由 11 个或 12 个连续的脱氧核苷酸加上一个 3' – 末端锚定脱氧核苷酸组成，用 5' – T11G、5' – T11C、5' – T11A 表示。这样每一种此类人工合成的寡核苷酸引物都将能够把总 mRNA 群体的 1/3 分子反转录成 mRNA – cDNA 杂交分子。于是，采用这三种引物，可以将整个 mRNA 群体在 cDNA 水平上分成三个亚群体，然后用一个上游的随机引物和与反转录时相同的 oligo（dT）引物对这个 cDNA 亚群体进行 PCR 扩增，因为这个上游的引物将随机结合在 cDNA 上，因此来自不同 mRNA 的扩增产物的大小是不同的，可以在测序胶上明显分辨开来，从而筛选出不同样品间基因差异表达的 DNA 片段。

4. 微阵列分析技术

随着芯片技术的发展，DNA 芯片广泛用于基因组学的研究。用于基因功能分析主要包括 cDNA 微阵列和 DNA 芯片，两者都是基于 Reverse Northern 杂交以检测基因表达差异的技术。把 cDNA、EST 或基因特异的寡聚核苷酸固定在固相支持物上，并与来自不同细胞、组织或整个器官的 mRNA 反转录生成的第一链 cDNA 探针进行杂交，然后用特殊的检测系统对每个杂交点进行定量分析，理论上杂交点的强度基本上反映了其所代表的基因在不同细胞、组织或器官中的相对表达丰度。微阵列技术的应用突破了利用杂交方法实现基因表达大规模分析的局面，在短期内操作大量基因并系统地分析大量基因的表达模式上具有很大的潜力。

5. 反义 RNA 和 RNAi

RNA 干扰（RNA interference，RNAi）是多种生物体内由双链 RNA（double stranded RNA，dsRNA）介导同源 mRNA 降解的现象。这种现象广泛存在于生物界，是生物体抵御病毒或其他外来核酸入侵以及保持自身遗传稳定的保护性机制。RNA 干扰现已发展为一种研究基因功能的新方法。它通过导入的双链 mRNA 的介导，特异性地降解内源相应序列的 mRNA，从而导致转录后水平的基因沉默。迄今已经在植物、真菌、线虫、锥虫、涡虫、果蝇、水螅、小鼠和哺乳动物细胞，如人胚肾细胞等中都发现存在这一基因沉默机制。

6. 基因敲除

基因敲除是自 20 世纪 80 年代末以来发展起来的一种新型分子生物学技术，是通过一定的途径使机体特定的基因失活或缺失的技术。通常意义上的基因敲除主要是应用 DNA 同源重组原理，用设计的同源片段替代靶基因片段，从而达到基因敲除的目的。

7. 蛋白质组分析技术

主要包括蛋白质分离和鉴定技术，包括利用一维电泳和二维电泳并结合 Western 等技术对蛋白质进行鉴定。

8. 生物信息学的应用

随着生物大规模测序产生的海量数据，如何分析和处理这些数据信息，成为后基因组时代面临的一个重大问题，生物信息学应运而生。生物信息学（Bioinformatics）是用数理和信息科学的观点、理论和方法去研究生命现象，组织和分析呈指数增长的生物学数据的一门学科。基因组学和蛋白质组学的研究产生了大量的数据，由于蛋白质组比基因组有着更大的复杂性，因而蛋白质组生物信息学研究有着更大的必要性和复杂性。蛋白质组生物信息学的研究内容主要包括大量蛋白质组学实验信息的产生，对这些数据的处理，以及结果的分析和发布等。一些主要的数据库有 SWISS - PROT、TrEMBL、PIR 等，另外还有一些二维胶的数据库和蛋白质相互作用的数据库等。

（四）功能基因组学研究进展

随着人类基因组计划的完成，人类功能基因组学研究成为新的热点，已经将生物医学的研究范围从对单一基因或蛋白质的研究扩展到系统和完整地对全部基因或蛋白质的研究。目前，虽然人类基因组全部序列已知，但许多基因的功能仍然一无所知。根据2008年1月人类转录组数据库（H－InvitationalDatabase，H－InvDB）的统计，在目前已注释的34057个人类编码基因中，有功能报道的只有12404个，还有大量的新基因和蛋白质的功能等待我们去发现。通过功能基因组学研究和挖掘新基因的功能，发现有应用前景的基因资源已成为国际基因组研究领域的焦点。利用功能基因组学和反向生物学开发的基因组药物（Genome－based drug orgenome－derived drug）已经越来越多地进入临床研究。根据不完全统计，目前国际上至少已有26个基因组药物进入临床，包括新的重组细胞因子、重组可溶性受体、针对人类基因产物的治疗性抗体、同位素标记重组蛋白、新靶基因的基因治疗、以人类基因产物为靶标的小分子药物等，其中至少已有6个基因组药物已经进入Ⅲ期临床，预计在近2～3年将有上市的基因组药物。这些成果为人类重要功能基因研究和基因组药物开发提供了有益的经验。目前，基因组研究已从大规模测序转向细胞及整体水平的功能研究、疾病相关性研究、相互作用蛋白的研究及蛋白质组学研究等。人类功能基因组学研究的重要特点包括：大量的创新实验技术的综合利用、实验结果的研究与统计学和计算机分析紧密结合等。在人类功能基因组学研究领域中，在国际上建立的许多新技术如生物信息学、生物芯片、蛋白质组学、转基因动物、基因敲除模式生物、高通量高内涵细胞筛选技术等。我国功能基因组学研究始于20世纪90年代，基本上与国际上同步。经过科学家的努力，在人类新功能和疾病相关基因的鉴定与应用研究领域取得了一批重要成果；建立了一系列人类功能基因组研究的新技术平台，包括高通量酵母双杂交技术平台、人类全长基因ORF穿梭克隆库和重组连接基因克隆技术平台、大规模病毒载体表达技术平台、细胞水平的基因功能高通量筛选模型等；克隆了数千个人类新的功能基因和剪切体；利用功能筛选平台筛查了大量人类基因，较深入地研究了数百个新的人类功能基因。虽然我国功能基因组学研究取得了一些成就，但与发达国家相比，在重要功能基因的研究上，我国仍然存在较大差距，需要奋起直追。

五、蛋白质组学

基因作为遗传信息的源头，而功能蛋白才是基因功能的执行体，要从根本上研究基因的功能，离不开对蛋白质的研究。相对应基因研究从整体上研究，蛋白质研究也可以从整体上进行研究，也就是我们常说的蛋白质组学。“蛋白质组学”一词，来源于“蛋白质”与“基因组学”两个词的组合，指“一种基因组所表达的全套蛋白质”，即包括一种细胞乃至一种生物所表达的全部蛋白质。蛋白质组本质上指的是在大规模水平上研究蛋白质的特征，包括蛋白质的表达水平，翻译后的修饰，蛋白与蛋白相互作用等，由此获得蛋白质水平上的关于疾病发生、细胞代谢等过程的整体而全面的认识。随着生物全基因组测序工作的结束，要从整体研究生命活动的规律，分析基因的功能与基因之间相互作用，需要大规模和全方位地开展生物体蛋白质的研究，蛋白质组学正是在这种背景下得以诞生和发展。

（一）蛋白质组学的研究内容

1. 蛋白质鉴定

这是最为基本的工作。在获得基因结构的序列以后，有必要对蛋白质进行鉴定，蛋白质鉴定常用的方法就是电泳技术，可以利用一维电泳和二维电泳并结合 Western 等技术，利用蛋白质芯片和抗体芯片及免疫共沉淀等技术对蛋白质进行鉴定研究。

2. 翻译后修饰

除了鉴定蛋白质的结构以外，还要进一步研究翻译后的修饰方式，很多 mRNA 表达产生的蛋白质要经历翻译后修饰如磷酸化、糖基化、酶原激活等。翻译后修饰是蛋白质调节功能的重要方式，因此对蛋白质翻译后修饰的研究对阐明蛋白质的功能具有重要作用。

3. 蛋白质功能确定

很多蛋白质以酶的形式发挥作用，还有一些蛋白质以复合物的形式发挥功能。对于不同的形式，可以采取不同的分析方法来分析蛋白质的功能，如分析酶活性和确定酶底物，细胞因子的生物分析，配基—受体结合分析。当然可以利用基因敲除和反义技术分析基因表达产物—蛋白质的功能。另外，对蛋白质表达出来后在细胞内的定位研究也在一定程度上有助于蛋白质功能的了解。

4. 蛋白质药物的开发

对人类而言，蛋白质组学的研究最终要服务于人类的健康，主要指促进分子医学的发展，如寻找药物的靶分子。很多药物本身就是蛋白质，而很多药物的靶分子也是蛋白质。药物也可以干预蛋白质—蛋白质相互作用。

（二）蛋白质学研究的主要技术

1. 双向电泳技术

目前，在蛋白质分离方面应用最为广泛的是双向电泳。双向电泳（two Dimensional Electrophoresis，2 - DE）是蛋白质组学研究中最常用的技术，是能将数千种蛋白质同时分离和展示的分离技术，具有简便、快速、高分辨率等优点。1975 年意大利生化学家 O' Farrell 发明了双向电泳技术，大大提高了蛋白质分离的分辨率而得以广泛应用。至今经历了 30 多年的发展，双向电泳技术已较为成熟。目前主要应用的是 Gorg 等建立的固相 pH 梯度的凝胶电泳（IPG 2DALT），Gorg 于 1998 年发展了一种 pH 更宽的 IPG 胶条，碱性范围达到了 12，这种电泳具有分辨率高、上样量大、重复性好的优点，并且可与质谱联用，对蛋白质进行鉴定。

2. 生物质谱技术

1906 年，Thomson 发明了质谱，在随后的几十年里，质谱技术（Mass Spect rometry，MS）逐渐发展成为研究、分析和鉴定生物大分子的前沿方法。质谱技术是蛋白质鉴定的核心技术，常与双向电泳等蛋白质分离技术联用，它具有灵敏度、准确度、自动化程度高的特点。到 20 世纪 80 年代中期，出现了以电喷雾电离（ESI）和基质辅助激光解析电离（MALDI）为代表的软电离技术，即样品分子电离时保持整个分子的完整性，不会形成碎片离子。通过肽质量指纹谱（Peptide Mass Fingerprinting）、肽序列标签（Peptide Sequence Tag）和肽阶梯序列（Peptide Ladder Sequencing）等方法，结合蛋白质数据库检索可实现对蛋白质的快速鉴定和高通量筛选，拓展了质谱的应用范围，形成了一门新技术——生物质谱技术。

3. 酵母双杂交系统

酵母双杂交系统（Yeast Two - Hybrid System）是在酵母体内分析蛋白质—蛋白质相互作用的基因系统，也是一个基于转录因子模块结构的遗传学方法。酵母双杂交及其衍生系统是鉴定及分析蛋白质—蛋白质、蛋白质—DNA、蛋白质—RNA 相互作用的最常用、最有效的工具之一。自 1989 年 Fields 和 Song 建立酵母双杂交系统以来，已被人们用来检验已知蛋白质之间的作用、发现新的蛋白质和蛋白质的新功能、建立蛋白质的相互作用图谱等，其应用广泛，作用强大。酵母双杂交系统的建立得力于对真核生物调控转录起始过程的认识。细胞起始基因转录需要有反式转录激活因子的参与。酵母双杂交系统利用杂交基因通过激活报告基因的表达探测蛋白质—蛋白质的相互作用。单独的 DB 虽然能和启动子结合，但是不能激活转录。而不同转录激活因子的 DB 和 AD 形成的杂合蛋白质仍然具有正常的激活转录的功能。如酵母细胞的 Gal4 蛋白的 DB 与大肠杆菌的一个酸性激活结构域 B42 融合得到的杂合蛋白质仍然可结合到 Gal4 结合位点并激活转录。最初酵母双杂交系统在分析可能相互作用的蛋白质时必须定位于核内才能激活报告基因，对研究核外和细胞膜上的蛋白质相互作用，它的应用就受到了限制。目前已开发研究了通过改变某些细胞膜定位序列，在载体中添加核定位信号序列的方法，以及专门研究非核内蛋白质作用的系统。

4. 蛋白芯片

与 DNA 芯片相对应的，在蛋白质研究中，也可以应用芯片技术进行研究。蛋白质芯片又称蛋白质微阵列芯片（Protein Chip or Protein Microarray），凭借其高通量、高特异性和高灵敏度等优点，在蛋白质组学中的应用受到了广泛关注，并越来越多地应用于蛋白质表达谱、蛋白质生物活性测定，蛋白质芯片在蛋白质组的功能研究、疾病诊断以及药物开发中显示出巨大的潜力。

（三）蛋白质学研究成就和进展

相比基因组学，蛋白质组学研究更接近实用，因此蛋白质组自从提出后就受到科学家的高度重视，各国政府和科学机构也竞相开展蛋白质组学的研究。由于许多药物的开发离不开对蛋白质的研究，很多药物本身就是蛋白质，因此开展蛋白质组学研究除了科学的意义以外，还具有巨大的市场前景。除各国政府出资开展蛋白质组研究以外，相关企业与制药公司也纷纷斥巨资开展蛋白质组研究。如独立完成人类基因组测序的塞莱拉遗传公司已宣布投资上亿美元于此领域的研究；日内瓦蛋白质组公司与布鲁克质谱仪制造公司联合成立了国际上最大的蛋白质组研究中心。由此可见，蛋白质组学虽然问世才 10 多年，但鉴于其战略的重要性和技术的先进性，已成为西方各主要发达国家和各跨国制药集团竞相投入的“热点”与“焦点”。

2001 年 10 月，国际人类蛋白质组组织（Human Proteome Organization，HUPO）在美国成立，并计划启动人类蛋白质组计划（Human Proteome Project，HPP）。HPP 的研究目的是鉴定人类基因组编码的全部蛋白质及其功能，揭示：

①构成各种人类组织不同细胞类型的蛋白质表达谱；②蛋白质组翻译后修饰谱；③蛋白质组亚细胞定位图；④蛋白质—蛋白质相互作用关系图；⑤蛋白质结构与功能联系图等。2002 年 11 月，在法国凡尔赛首届国际人类蛋白质组织大会上，宣布先行启动“人类血浆蛋白质组计划”（HPPP）和“人类肝脏蛋白质组计划”（HLPP）两项重大国际合作计划，其中“人类肝脏蛋白质组计划”是中国科学家首先提出来的，并得到国际同行的共识和认可，也是中国科学家首次主导的生物科学领域大型国际合作项目。中国于 2004 年 4 月启动“中国人类肝脏蛋白质组计划”，并成为国际合作计划的重要组成部分。2006 年 1 月，该项目通过国家验收，取得了一系列成果，为我国在人类蛋白质组学研究方面争得一席之地。

六、后基因组时代生物技术

随着人类及其他生物的基因组计划实施，推动了功能基因组学、比较基因组学、蛋白质组学、生物信息学等相关学科的发展。以基因工程为核心的生物技术在基因组学及相关学科发展的推动下，得以往纵深发展。在后基因组时代生物技术将在农业生物、医药生物、工业生物、环境保护生物等方面得以广泛应用。

（一）农业生物技术

农业生物技术研究的内容包括研究生物体的基因工程、细胞工程、酶工程、发酵工程等领域。而农业生物的基因工程是农业生物技术最为核心的技术。随着后基因组时代的到来，农业生物技术发展迎来一个黄金发展时期，21 世纪农业革命是以基因组为特征的农业革命。人类基因组计划实施后，也带动了农作物基因组测序工作。科学家先后完成了拟南芥、水稻、木瓜、玉米、马铃薯、大豆等作物的全基因组测序工作。其中水稻全基因组测序工作由我国科学家负责完成，表明我国在农业生物技术方面处于全世界先进水平。在完成主要农作物的基因组测序工作以后，寻找有功能的基因成为下一步的工作重点，也就是开展功能基因组学研究。目前，农业生物基因克隆主要集中以下几个方面：①克隆具有重要农艺性状的功能基因，如控制产量、品质的基因。②克隆各种与植物生理生化代谢途径有关的基因，如与光合作用有关的基因。③克隆各种抗病或抗虫的基因，如水稻抗稻瘟病的基因。④克隆各种抗不良环境的基因，如抗寒、抗旱、耐盐碱的基因。利用已克隆的基因，科学家可以通过转基因技术或分子标记辅助选择育种方法来培育农作物新品种。在植物功能基因组学研究方面，目前已克隆了一批具有功能的植物基因。水稻功能基因组研究开展较早，取得成效也较大。1995 年，Song 等开创的水稻基因图位克隆研究先河，成功分离白叶枯病抗性基因 Xa21。2000 年，Yano 等成功克隆了第一个水稻抽穗期 QTL 基因 Hd1。近年来，水稻功能基因图位克隆研究取得了快速进展，而且每年克隆的基因数量呈现增长趋势。目前，我国在水稻功能基因克隆方面处于世界领先水平，在已经成功克隆的水稻功能基因中，大多数是由我国的科学家成功克隆的。在其他农作物方面也克隆了一批重要农艺性状的功能基因。在获得具有重要农艺性状的功能基因之后，接下来可以通过转基因技术和分子标记辅助选择育种方法把有用的基因转移到农作物品种，从而实现定向育种，这些高新技术的实施，将对作物育种产生新的革命性影响。我国在水稻生物育种方面取得全世界瞩目的成就，继三系杂交水稻、两系杂交水稻之后，我国的超高产水稻育种将水稻亩产量提高到 900 公斤以上，处于世界领先水平。

在动物基因组测序和功能基因研究方面，同样取得令人鼓舞的进展。除了一些模式动物如果蝇、小鼠、线虫以外，动物全基因组测序工作主要集中在主要家禽、家畜和水产动物。2004 年，多国科学家组成的两个研究小组宣布绘制出鸡的基因序列草图和遗传差异图谱。西南农业大学家蚕基因组研究群体的研究论文《家蚕基因组框架图》，于 2004 年 12 月 10 日在国际顶尖科研杂志 *Science* 上发表，这标志着重庆市家蚕基因组研究成果已得到国际学术界的认可。中国科学院北京基因组研究所和丹麦 Pig Breeding and Production（DCPBP）联合公布了猪基因组序列，序列信息包括欧洲和中国的 5 个不同的家猪品种基因组的 384 万个片段。这些信息来自 2001 年中国和丹麦研究人员合作进行的首次大规模猪基因组测序项目——Sino - Danish Pig Genome Project。基因组序列数据能够从 NCBI Trace Repository 和 GenBank 获得。在获得动物基因组测序的数据后，科学家同样需要深入研究动物基因的功能，进而为改良家禽、家畜和水生动物奠定基础。对动物基因组研究除了搞清楚动物生长发育和代谢的规律，为改良动物的性状、培育新品种以外，还有一个好处就是利用动物生产人类器官，为人类服务。例如通过对猪基因组序列的研究分析发现，猪基因序列与人类基因序列具有很多的共同点，可以通过改良猪的基因组序列，为人类器官的再生提供材料。

（二）医药生物技术

人类基因的破译包括对整个人类基因组的基因图谱绘制将会导致人类医学发生革命性变化，包括新药的开发、基因治疗、基因检测和器官移植等。在新药开发方面，利用基因组研究平台和生物信息学研究平台，寻找新的药物作用靶点，将会在基因水平和分子水平方面建立更多的药物筛选模型，发现新的治疗药物，为药物研究开辟新领域，从而极大地推动生物技术的开发和应用。

基因治疗是指通过基因转移技术将外源正常基因导入体内病变部位的靶细胞，通过控制基因的表达、抑制、校正、替代或矫正缺陷或异常基因，从而恢复病变部分细胞、器官或组织的正常功能，进而达到治疗疾病的一种新型的治疗方法。科学家发现，人类疾病的根本原因与人体的 3 万多个基因有关，通过基因功能研究，把控制人类疾病发生、发展规律研究清楚，就有可能定向地改造一些控制疾病基因，实施基因定向治疗，从根本上改变疾病的治疗方向。基因治疗可以治疗多种疾病，包括癌症、遗传性疾病、感染性疾病、心血管疾病和自身免疫性疾病，癌症基因治疗是基因治疗的主要应用领域。目前，基因治疗还处于研究阶段，距离临床治疗还有不少困难需要解决。

在基因检测方面，人类基因组计划带动测序技术的发展，同时也促进了基因检测技术的成熟。基因检测在疾病预防、法医学鉴定、亲子鉴定等方面应用极其广泛。随着基因检测新技术的发展，基因检测变得相对简单，成本也大幅度下降，基因检测已实现产业化。美国是全世界最早利用基因检测预测疾病的国家，2005 年已有近 500 万人次接受了检测，通过预知和医学干预，使大肠癌的发病率下降了 90%，乳腺癌的发病率下降了 70%。中国在基因检测方面相对滞后，截至 2006 年年底才有约 10 万人次接受了检测。而中国近 5 年癌症患者高达 750 万人，不到 20 年癌症发病率增长了 29% 以上，每年约有 160 万人死于癌症，而我国因疾病导致的经济损失高达 14000 亿元。如果把基因高科技广泛应用来检测人们已知及未知疾病，以进一步促进人类的健康和长寿，将因此而产生无限商机，形成巨大的以基因技术为基础的新型健康产业。

在人类器官移植方面，现在的器官移植面临的主要问题是器官数量严重不足和移植后免疫排斥反应。随着基因组技术的发展，利用替代其他动物器官替代进行移植将成为可能，可使上述问题从根本上得到解决。美国的 Infigen 公司和 Immerge 公司利用核移植技术联合开发基因工程猪，Infigen 公司负责提供猪的核转移技术，Immerge 公司负责提供特定基因的适合载体以及微型猪的细胞。

Infigen 公司的技术为猪的基因组修饰提供了技术平台，该技术平台有望制备出预期的基因修饰微型猪细胞、组织和器官，移植后，人体免疫系统不会再排斥。研究人员将对 Immerge 公司开发的基因工程猪进行基因修饰，使其不再产生对人有感染性的内源性逆转病毒（PERV）。

由于生物技术药物具有巨额的利润，人类基因组计划实施之后，世界主要发达国家政府和跨国制药公司投入巨资在生物技术制药的研发和市场开发方面，并对人类基因资源进行争夺，在世界范围内进行“基因战”。人类基因已成为重要的战略性资源，未来的基因诊断、基因治疗技术都将建立在基因序列的基础之上，因此科学界、生命科学技术公司都在极力争夺基因资源的桥头堡。相对于发达国家，我国在医药生物技术方面比西方发达国家落后许多，但我国也有自己的优势，由于中国有很好的大样本和特殊疾病的资源，使得中国在疾病相关基因的研究上有独特的优势。如在世界上首次发现了神经性耳聋的致病基因 GJB3，克隆到位于 11 号染色体的外生性骨疣的致病基因和若干个白血病致病基因；定位了鼻咽癌在染色体上的杂合丢失区域和鼻咽癌家系中的一些易感基因；发现了肝癌相关基因，确定了 17 号染色体短臂上肝癌相关的缺失区域；发现了高血压相关的新基因等。

（三）工业生物技术

工业生物技术是指以微生物或酶为催化剂进行物质转化，大规模地生产人类所需的化学品、医药、能源、材料等产品的生物技术。它是人类由化石（碳氢化合物）经济向生物（碳水化合物）经济过渡的必要工具，是解决人类目前面临的资源、能源及环境危机的有效手段。利用基因工程菌分解环境中有害的物质已经显示出极大的优越性，例如用抗辐射的细菌 Deinococcus radiodurans 清除放射性物质的污染，并在转入 tod 基因后，可在高辐射环境下清除多种有害化学物质的污染。随着微生物学基因组测序和基因功能的深入研究，科学家可以清楚地了解各种代谢途径的机理，可以很方便地对基因进行改造，使之更高效。根据功能基因组（转录物组、蛋白质组及代谢物组）信息，可以进行代谢网络重建、优化及设计，进而通过代谢工程改进细胞菌体性能。此外，随着宏基因组学的发展，人们对微生物在环境保护中的应用更加深入。宏基因组学又叫微生物环境基因组学、元基因组学，它通过直接从环境样品中提取全部微生物的 DNA，构建宏基因组文库，利用基因组学的研究策略研究环境样品所包含的全部微生物的遗传组成及其群落功能。由于环境中很多微生物很难通过传统的微生物培养进行分离，宏基因组学可以绕过微生物分离培养这一步，直接对环境微生物基因组进行分析，从而开发微生物用于生物技术。它是在微生物基因组学的基础上发展起来的一种研究微生物多样性、开发新的生理活性物质（或获得新基因）的新理念和新方法。

第三章 基因技术

一、PCR 扩增技术

1983 年建立的体外扩增 DNA 片段的方法，即聚合酶链式反应（Polymerase Chain Reaction，PCR），是基因扩增技术的一次重大革新。它可将极微量的靶 DNA 特异地扩增上百万倍，从而大大地提高对 DNA 分子的分析和检测能力，能检测单分子 DNA 或每 10 万个细胞中仅含 1 个靶 DNA 分子的样品。因而，此技术问世以后，立即在分子生物学、微生物学、医学及遗传学等多领域广泛应用和迅速发展。由于 PCR 具有敏感性高、特异性强、快速、简便等优点，已在病原微生物学领域中显示出巨大的应用价值和广阔的发展前景。

（一）PCR 技术实验原理

聚合酶链式反应的原理类似于 DNA 的天然复制过程。只要设计出扩增目的序列片段两端的引物，就可用于扩增任意 DNA 片段。DNA 正链 5’－端的引物称为上游引物，简称 5’－引物；与正链 3’－端互补的引物称为下游引物，简称3’－引物。经变性、退火和延伸若干个循环后，理论上 DNA 数量将扩增到原来的 2 的 n 次方倍。

1. 变性

加热使模板 DNA 在高温下（94 ℃）变性，双链间的氢键断裂而形成 2 条单链，即变性阶段。

2. 退火

使溶液温度降至 50 ℃ ~60 ℃，模板 DNA 与引物按碱基配对原则互补结

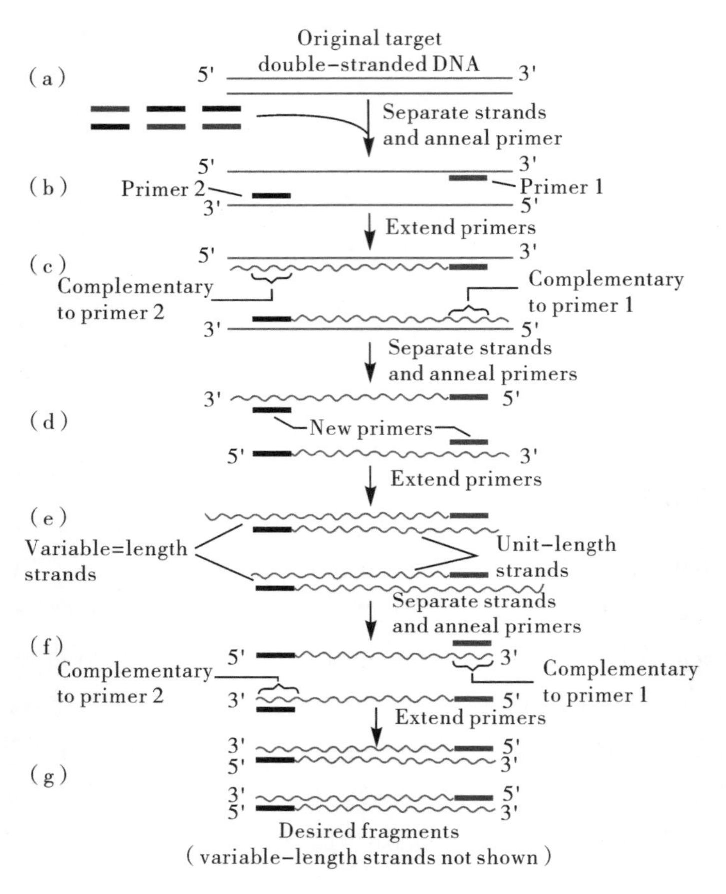

图 3－1　PCR 实验原理

合，即退火阶段。

3．延伸

溶液反应温度升至 72℃，耐热 DNA 聚合酶以单链 DNA 为模板，在引物的引导下，利用反应混合物中的 4 种脱氧核苷三磷酸（dNTP），按 5’→3’方向复制出互补 DNA，即引物的延伸阶段。

上述 3 步为一个循环，即高温变性、低温退火、中温延伸 3 个阶段。从理论上讲，每经过一个循环，样本中的 DNA 量应该增加 1 倍，新形成的链又可成为新一轮循环的模板。但由于引物和底物的消耗、酶活力的下降等因素，扩增产物的增加，逐渐由指数形式变为线性形式，所以实际上进行 30 个循环后，扩增倍数一般可达 100 万倍以上。

典型的 PCR 反应体系由如下组分组成：两条合成的 DNA 引物、DNA 模板、反应缓冲液、dNTP、耐热性 Taq 聚合酶。下面主要介绍一下耐热性 Taq 聚合酶和引物。

1. 耐热性 Taq 聚合酶

耐热性的 DNA 聚合酶的发现使得 PCR 扩增特异性 DNA 片段成为可能。一般的 DNA 聚合酶由于不耐高温，在 DNA 高温变性后很容易就失去活性，而耐热性的 DNA 的聚合酶能在较高 DNA 高温变性条件下也能保持较长时间的活性，因此在 PCR 扩增特异 DNA 片段过程中，只要在开始一次性加入反应体系中，不需要每次反应都加入酶，使得 PCR 扩增能实现程序化。目前用得最多的耐热性的 DNA 聚合酶为 Tag DNA 聚合酶，这种酶具有较强的 5’→3’DNA 聚合酶的活性，以带引物的 DNA 链为模板，催化互补链的聚合反应，引物按 5’→3’ 方向延伸，可以扩增 DNA 片段在 1 kb 左右，片段过长，扩增效果不理想。

2. 引物

引物是 PCR 过程中与模板 DNA 部分序列互补，能引导模板 DNA 的互补链合成的一种脱氧核苷酸寡聚体，引物的设计主要考虑与模板链的序列的互补程度，可借助专门的引物设计软件进行引物设计，将设计好的引物序列交由引物合成公司进行人工合成，引物的长度一般在 20 ~ 30 bp 之间。

（二）PCR 扩增系统

PCR 技术问世以后，由于其具有强大的 DNA 扩增功能，广泛用于分子生物学实验，并对 PCR 技术进行不断的改进，根据扩增 DNA 片段的需要，建立了多种 PCR 扩增系统。除了常规的 PCR 扩增技术以外，近年主要发展了定量 PCR、RT - PCR、巢式 PCR、原位 PCR、免疫 PCR、荧光定量 PCR 等扩增系统。

1. 定量 PCR

定量 PCR 技术可以分为五种类型：

（1）外参法 + 终产物分析：所谓“外参法”，是指样本与阳性参照在两个反应容器内反应。这种类型没有对样本进行质控监测，易出现假阴性或假阳性结果，没有监测扩增效率，定量不准。

（2）内参法 + 终产物分析：所谓“内参法”，是指样本与阳性参照在一个反应容器内反应。这种类型对样本进行质控监测，排除假阴性结果，但是定量不准。

（3）外标法＋过程监测：这种类型监测扩增效率，阳性样本定量准，但是无法排除假阴性结果。

（4）内参法＋过程监测：由于样本与阳性参照在一个容器内反应，用同样的Taq酶和反应参与物，存在竞争性抑制，起始模板量浓度高的反应会抑制起始模板量浓度低的反应，所以定量不准。

（5）外标法＋过程监测＋内对照：这种类型监测扩增效率，阳性样本定量准，同时排除假阴性结果。这种类型是应该提倡的。

2. RT－PCR

RT－PCR即反转录PCR，其模板为RNA，包括mRNA、tRNA、rRNA及RNA病毒。一般分两步进行：第一步用反转录酶将RNA反转录成cDNA；第二步以cDNA为模板进行PCR扩增。据报道已发现一种rTth酶，此酶既有反转录酶活性，又有DNA聚合酶活性。因此RT－PCR反应可简单到用一种酶和一种缓冲体系在一个反应管内直接扩增RNA。做RT－PCR时要注意扩增产物既可能来源于mRNA，也可能来源于基因组DNA。

3. 巢式PCR

巢式PCR是指用两对引物先后扩增同一样品的方法。一般先用一对引物扩增一段较长的靶基因，然后取1～2 μl第一次扩增的产物再用第二对引物扩增其中的部分片段。这种方法较常规PCR灵敏度大大提高，同时第二次扩增又可鉴定第一次扩增产物的特异性。巢式PCR具有假阴性少、特异性好的优点。

4. 实时荧光定量PCR

实时荧光定量PCR（Real－Time Flurescent Quan－Titive Po1ymerase Chain Reaction，FQ－PCR）是基于荧光能量传递技术，通过受体发色团之间偶极—偶极相互作用，能量从供体发色基团转移到受体发色基团，受体荧光染料发射出的荧光信号强度与DNA产量成正比，检测PCR过程的荧光信号便可得知靶序列的初始浓度。它融汇PCR技术的核酸高效扩增、探针技术的高特异性、光谱技术的高敏感性和高精确定量的优点，直接探测PCR过程中荧光信号的变化以获得定量的结果。

5. 原位PCR

原位PCR对许多疾病的靶序列进行分析时，需要破碎细胞或组织来提取核酸，因此不能将扩增结果直接在组织中定位，难以确定靶序列所在的细胞和组织的类型，这是 PCR 技术的一个明显的局限性。而常用的原位定位方法——复位杂交的敏感性又比较低。

1990 年，Haase 等首次将 PCR 和原位杂交技术相结合的方法检测了羊绒毛膜络丛细胞中的绵羊脱髓鞘脑炎病毒。自此，原位多聚酶链式反应技术（In Situ PCR，IS－PCR）得到了不断改进和快速发展，主要应用于病毒检测和定位、基因突变、基因重排和染色体移位。

6. 免疫 PCR

免疫 PCR（Immunopolymerase Chain Reaction，IM－PCR）综合了抗原—抗体反应的特异性和 PCR 扩增技术的高效性。与传统免疫学反应类似，1992 年 Sano 等利用链亲和素—蛋白 A 嵌合体蛋白作为连接分子，建立了灵敏度很高的免疫 PCR 技术。

免疫 PCR 技术的基本原理和常规的标记免疫技术相似，只是标记物不同。用一段已知 DNA 分子标记抗体作为探针，与待测抗原反应，PCR 扩增黏附在抗原—抗体复合物的 DNA 分子，进行电泳检测。根据特异性 PCR 产物的有无，来判断待测抗原是否存在。免疫 PCR 是迄今最敏感的一种抗原检测方法，理论上可以检测单个抗原分子，这使得低于常规检测方法极限的痕量抗原的检测成为可能。免疫 PCR 的敏感度比现行的 ELISA 法高 100～100 万倍，因此该法主要用于检测肿瘤标志物、细胞因子、神经内分泌活性多肽、病毒抗原、细菌、酶、支原体等微量抗原。

（三）PCR 仪的发展

以聚合酶链式反应（PCR）为基础的离体基因扩增技术对基因工程的研究和应用 PCR 基因扩增实验产生了革命性影响。提供自动化的 PCR 专用仪器则是推广 PCR 技术的关键。PCR 仪器生产厂家国外居多，比较有代表性的是：瑞士罗氏公司，美国 MJ 公司，美国应用生物工程公司（ABI）。近年来 PCR 扩增仪技术发展很快，除了能实现常规的 PCR 扩增功能以外，大部分具有温度梯度设置功能，如梯度 PCR 仪。荧光定量 PCR 仪则可以实现实时检测 DNA 含量的功能。为了实现 PCR 仪的国产化，很多科研单位做了大量研究工作。中科院发育生物学研究所最近完成了以智能化仪表控制系统为核心的干式基因扩增 PCR 装置，经多种对照引物和模板 DNA 的 PCR 实验，获得完全成功，即将通过技术鉴定并批量生产。该仪器的研制成功为分子生物学、生物工程、医学和法医学鉴定及考古、环卫等研究和应用部门掌握和应用 PCR 技术提供了高性能价格比的新装备。该 PCR 装置采用人机对话操作方式，利用单片机小型专家系统，以丰富的智能化软件取代了常规仪器的大部分硬件功能，使整机结构大大简化，操作方便，工作可靠，性能精良。其别具特色的实时动态运行状态显示、自动整定最佳 PID 参数、传感器偏差补偿、九组九步任意曲线串接编程、确保曲线平台和伺服起动、多种可预设上电方式、掉电保护及报警等硬件软化功能充分显示了智能化仪表技术的优越性。

（四）PCR 技术的应用

PCR 技术已成为分子生物学和基因工程最为有利的工具，除了生命科学研究中的重要作用以外，还广泛用于农业、医学、环境保护等领域。在农业方面，结合分子标记技术，PCR 技术可以用于水稻品种资源多样性分析，也可以用于水稻、玉米杂交组合的鉴定，有利于保护育种者权益。当然，PCR 技术还可以对转基因植物进行检测，确定一种植物是否为转基因植物以及转入哪些基因。PCR 技术已广泛用于医学研究和医学实践中，产前诊断是其中一方面的应用，比如用于检测地中海贫血症等遗传性疾病，还有亲子鉴定等。在环境保护方面，可以用 PCR 技术检测水体和环境中一些致病病原菌。随着 PCR 技术的发展，PCR 技术将更广泛地应用于我们的日常生活中的各种检测。

二、DNA 测序技术

（一）基因测序的概念

基因测序又叫 DNA 测序，是对 DNA 分子的核苷酸排列顺序进行测定的一门技术，即测定组成 DNA 分子的 A、T、G、C 碱基的排列顺序。人类基因组由带有 A、T、G、C 四种碱基的脱氧核苷酸组成，纷繁复杂的碱基排列蕴藏着几千年来人类未知的秘密：它不仅控制人类生命活动的各种信息，决定个体的生物学性状，而且对人类健康与疾病也有重要的影响。基因测序技术帮助人们揭开这个秘密，实现了对未知序列的测定、对重组 DNA 方向和结构的确定以及对突变进行定位和鉴定等研究。

基因序列分析是基因工程和分子生物学领域最重要的技术之一，是了解基因结构和功能的基础，它的出现极大地推动了生物学的发展。成熟的基因测序技术始于 20 世纪 70 年代中期。而始于 20 世纪 90 年代的“人类基因组计划”

（Human Genome Project，HGP）的实施，有力地推动了高速基因测序技术的发展。

（二）发展历程

从基于毛细管基因分析的第一代测序到后来的基于高通量化学技术的第二代测序，再到最近兴起的基于半导体芯片技术的革新性测序技术，从测序通量、测序时间和测序费用方面都有惊人的改善。

1．基因测序技术的启蒙

早在基因测序技术出现之前，蛋白质和 RNA 的测序技术就已经出现。1949 年，Frederick Sanger 开发了测定胰岛素两条肽链氨基末端序列的技术，并在 1953 年测定了胰岛素的氨基酸序列。Edman 也在 1950 年提出了蛋白质的 N 端测序技术，后来在此基础上发展出了蛋白质自动测序技术。Sanger 等在 1965 年发明了 RNA 的小片段序列测定法，并完成了大肠杆菌 5S rRNA 的 120 个核苷酸的测定。同一时期，Holley 完成了酵母丙氨酸转运 tRNA 的序列测定。

2．第一代基因测序技术的出现和成熟

1975 年，Sanger 和 Coulson 发明了“加减法”测定 DNA 序列。1977 年，在引入双脱氧核苷三磷酸（ddNTP）后，形成了双脱氧链终止法，使得 DNA 序列测定的效率和准确性大大提高。Maxam 和 Gilbert 也在 1977 年报道了化学降解法测定 DNA 的序列。DNA 序列测定技术出现后，迅速超越了蛋白质和 RNA 的测序技术，成为现代分子生物学中最重要的技术。

20 世纪 80 年代，随着仪器制造、计算机软件技术以及分子生物学技术的快速发展，科研人员采用荧光对 DNA 进行标记，取代了之前使用的放射性核素，这一改变使得自动化测序技术取得了突破性进展。目前，DNA 自动测序法以其操作简单（自动化）、材料安全（非同位素）、操作精确（计算机控制）和测定快速等优点，几乎完全取代了传统的手工测序，逐渐成为 DNA 序列分析的主流。

20 世纪 80 年代末，一种不同于化学降解法和 Sanger 法的测序方法出现了，即杂交测序法。杂交测序法采用标准化的高密度寡核苷酸芯片能够大幅度降低检测的成本且测序速度快。

20 世纪 90 年代初，美国的 Mathies 实验室首先提出阵列毛细管电泳（Capilary array electrophoresis）新方法，并采用集束化的毛细管电泳代替凝胶电泳，使得测序仪有了重大改进。

20 世纪 90 年代开始的人类基因组测序采用的是第一代测序，全球的很多专家用了 10 多年的时间才完成了一个人类基因组的测序，花费数 10 亿美元。

3. 第二代基因测序技术

随着人类基因组计划的完成，人们进入了后基因组时代，即功能基因组时代。传统的测序方法已经不能满足深度测序和重复测序等大规模基因组测序的需求，这促使了新一代基因测序技术的诞生。新一代基因测序技术也成为第二代基因测序技术，主要包括罗氏 454 公司的 GS FLX 测序平台、Illumina 公司的 Solexa Genome Analyzer 测序平台和 ABI 公司的 SOLiD 测序平台。

4. 第三代基因测序技术

虽然第二代基因测序技术相比第一代满足人们对高通量测序的需求，但人们并没有停止高通量测序技术的研究，被称为第三代基因测序的 HeliScope 单分子测序仪、Pacific Biosciences 的 SMRT 技术和 Oxford Nanopore Technologies 公司正在研究的纳米孔单分子测序技术正向着高通量、低成本、长读取长度的方向发展。不同于第二代基因测序依赖于 DNA 模板 PCR 扩增，使 DNA 模板与固体表面相结合然后边合成边测序的方法，第三代基因测序为单分子测序，不需要进行 PCR 扩增。2011 年发布的 Ion Torrent 个人化操作基因组测序仪（PG-MTM）使一个人的全基因组测序时间缩短至几天，费用降到了数千美元。2012 年，Ion Proton 实现了以 1000 美元成本在一天之内完成整个人类基因组的测序。这一全球性的生物技术重大突破将基因测序的应用成功推向医疗临床应用以及更多的领域，将是惠及全球普通消费者的医疗检测手段。

总而言之，基因测序未来将发展到单分子测序和纳米测序，基因测序的发展趋势就是更简单、更方便、更快速、更便宜。

（三）国内状况

在 DNA 测序商业化的浪潮下，我国《生物产业发展“十二五”规划》提出完成 1 万种微生物、100 种动植物基因组测序，发现约 500 个新的功能基因，转化应用 5 个以上有重大经济价值的基因或蛋白质。按照每种微生物进行“基因组完成图”测序的费用为 30 万～50 万元来看，DNA 测序带来的市场容量达千亿元，这还仅仅是 DNA 测序商业应用市场的冰山一角。

（四）基因测序的应用

基因序列测定已历经3代，经典的第一代基因测序法包括Sanger双脱氧链终止法和Maxam－Gilbert化学降解法。而自动化测序技术以Sanger双脱氧链终止法等方法为基础，最显著的特征是高通量，一次能对几十万到几百万条DNA分子进行序列测序，使得对一个物种的转录组测序或基因组深度测序变得方便易行。自动化测序实际上已成为当今DNA序列分析的主流。

1. 第一代基因测序技术

传统的化学降解法、双脱氧链终止法以及在它们的基础上发展来的各种DNA测序技术统称为第一代DNA测序技术。第一代基因测序技术在分子生物学研究中发挥过重要的作用，如人类基因组计划（Human Genome Project，HGP）主要基于第一代DNA测序技术。在分子生物学研究中，DNA的序列分析是进一步研究和改造目的基因的基础。目前，用于测序的技术主要有经过改进的荧光标记的双脱氧核糖核酸链末端终止法。

（1）Sanger双脱氧链终止法。

利用DNA聚合酶和双脱氧链终止物测定DNA核苷酸顺序的方法，是由英国剑桥分子生物学实验室的生物化学家F. Sanger等人于1977年发明的。

Sanger法原理

DNA链中的核苷酸是以3’，5’－磷酸二酯键相连接，合成DNA所用的底物是2’－脱氧核苷三磷酸（dNTP），在Sanger双脱氧链终止法中被掺入了2’，3’－双脱氧核苷三磷酸（ddNTP），利用DNA聚合酶不能够区分dNTP和ddNTP的特性，使ddNTP参入寡核苷酸链的3’－末端。当ddNTP位于链延伸末端时，由于它没有3’－OH，不能再与其他的脱氧核苷酸形成3’，5’－磷酸二酯键，DNA合成便在此处终止，如果此处掺入的是一个ddATP，则新生链的末端就是A，依次类推可以通过掺入ddTTP、ddCTP、ddGTP，则新生链的末端为T、C或G。而且，聚丙烯酰胺凝胶电泳可以区分长度只差一个核苷酸的DNA分子。

测序反应中通常设置4个反应，各反应管中同时加入一种DNA模板和引物、DNA聚合酶I（失去5’3’外切核酸酶活性），其中一管中分别加入1种ddNTP（如ddTTP）以及4种dNTP（dATP、dCTP、dGTP、dTTP），引物末端用放射性核素标记，ddTTP的比例很小（1：10），因此掺入的位点是随机的，

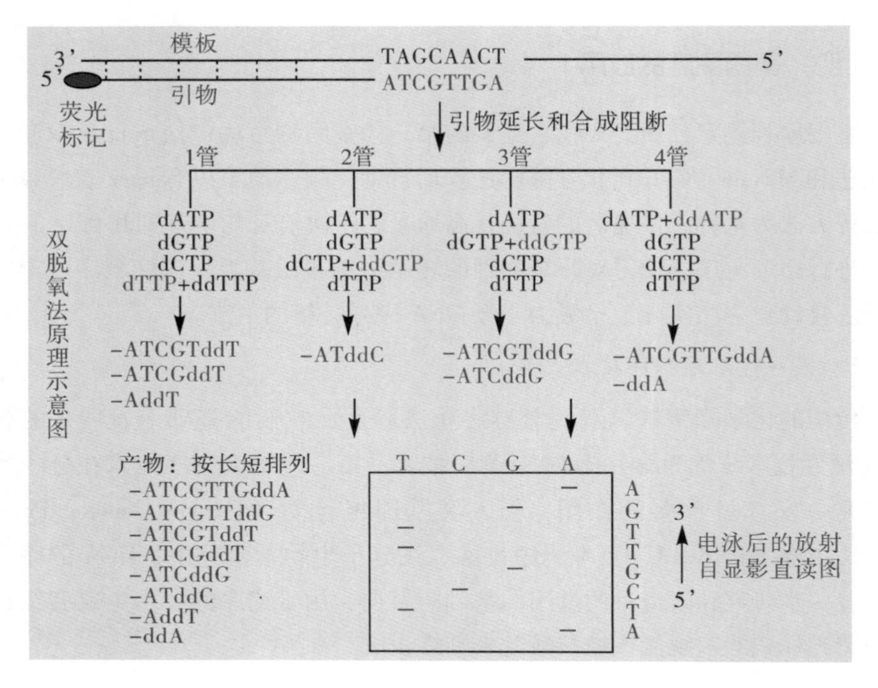

图 3-2 Sanger 法原理

经过适当的条件下温育，将会有不同长度的 DNA 片段合成。它们都具有相同的 5' 末端，3' 末端都因掺入了 ddTTP 而以 T 结尾。在其他三管中同理加入相应的 ddNTP。制得的四组混合物全部平行地点加在变性聚丙烯酸受凝胶电泳板上进行电泳，每组制品中的各个组分将按其链长的不同得到分离，从而制得相应的放射性自显影图谱。从所得图谱即可直接读得 DNA 的碱基序列。

以上两种测序方法的优劣：

化学降解法进行测序不仅重复性高，准确性较好，由于只需要简单的化学试剂和一般的实验条件，易为普通实验室和研究人员所掌握。而且化学降解较之链终止法具有一个明显的优点，即所测序列来自原 DNA 分子而不是酶促合成产生的拷贝，排除了合成时造成的错误。同时，Maxam - Gilbert 法可对合成的寡核苷酸进行测序，可以分析 DNA 甲基化修饰情况，还可以通过化学保护及修饰等干扰实验来研究 DNA 的二级结构和 DNA 与蛋白质的相互作用，这些仍然是 Maxam - Gilbert 法所独具的鲜明特点。当然，化学降解法测序的主要限制因素是测序凝胶的分辨能力。化学测序法一般都用 ^{32}P 标记，所以与用 ^{32}S标记做标记的末端终止法相比，它显示的条带较宽且有扩散现象，这限制了化学降解法在对较大 DNA 片段测序时的分辨能力。一般一块电泳胶上最多能读出

200～250 核苷酸序列。然而，如果按两个相反的取向分别从 DNA 片段的两端进行测序，则可克服这一不足。而且化学降解法操作过程较麻烦，逐渐被简便快速的 Sanger 法所代替。起初链终止法需要单链模板、特异的寡核苷酸引物和高质量的大肠杆菌 DNA 聚合酶Ⅰ大片段（Klenow 片段），这在 20 世纪 80 年代一般的实验室很难做到。但随着 M13 mp 载体的发展、DNA 合成技术的进步以及 Sanger 法测序反应的不断完善，Sanger 法操作变得十分简便，从而得到广泛的应用。至今为止，DNA 测序已大都采用 Sanger 法进行。

（2）荧光自动测序技术。

荧光自动测序技术基于 DNA 链末端合成终止法原理，所不同的是用荧光标记代替同位素标记，采用成像系统进行自动检测，使得 DNA 测序速度更快、准确性更高，荧光自动测序技术采用不同的荧光分子标记 4 种双脱氧核苷酸，然后进行 Sanger 测序反应，反应产物经平板电泳或毛细管电泳后分离，通过 4 种激光不同大小 DNA 片段上的荧光分子使之发射出 4 种不同波长荧光，检测器采集荧光信号，并依此确定 DNA 碱基的排列顺序。

（3）杂交测序技术。

杂交测序技术是将一系列已知序列的单链寡核苷酸片段固定在基片上，把待测的 DNA 样品片段变性后与其杂交，根据杂交结果排列出样品的序列信息。杂交测序技术具备第二代基因测序技术测定速度快、成本低的特点，但其误差较大，不能重复测定，技术仍有待改进。

2. 第二代测序技术

随着科学的发展，传统的 Sanger 测序已经不能完全满足研究的需要，对模式生物进行基因组重测序以及对一些非模式生物的基因组测序，都需要费用更低、通量更高、速度更快的测序技术，第二代基因测序技术（Next－generation sequencing）应运而生。第二代基因测序技术的核心思想是边合成边测序（Sequencing by Synthesis），即通过捕捉新合成的末端的标记来确定 DNA 的序列，现有的技术平台主要包括 Roche/454 FLX、Illumina/Solexa Genome Analyzer 和 Applied Biosystems SOLID system。这三个技术平台各有优点，454 FLX 的测序片段比较长，高质量的读长（read）能达到400bp；Solexa 测序性价比最高，不仅机器的售价比其他两种低，而且运行成本也低，在数据量相同的情况下，成本只有 454 测序的 1/10；SOLID 测序的准确度高，原始碱基数据的准确度大于 99.94%，而在 15×覆盖率时的准确度可以达到 99.999%，是目前第二代基因测序技术中准确度最高的。虽然第二代基因测序技术的工作一般都由专业的商业公司来完成，但是了解测序原理和操作流程等会对后续的数据分析有很重要的作用。

（1）454 测序技术。

454 生命科学公司在 2005 年最早推出了第二代测序平台 Genome Sequencer 20，并测序了支原体 Mycoplasma genitalium 的基因组，并且在 2007 年推出性能更优的第二代基因组测序系统——Genome Sequencer FLX System（GS FLX）。454 测序技术利用了焦磷酸测序原理，主要包括以下步骤：

文库准备：将基因组 DNA 打碎成 300 ~ 800 bp 长的片段（若是 snRNA 或 PCR 产物可以直接进入下一步），在单链 DNA 的 3' - 端和 5' - 端分别连上不同的接头。

连接：带有接头的单链 DNA 被固定在 DNA 捕获磁珠上，每一个磁珠携带一个单链 DNA 片段。随后扩增试剂将磁珠乳化，形成油包水的混合物，这样就形成了许多只包含一个磁珠和一个独特片段的微反应器。

扩增：每个独特的片段在自己的微反应器里进行独立的扩增（乳液 PCR，emulsion PCR），从而排除了其他序列的竞争。整个 DNA 片段文库的扩增平行进行。对于每一个片段而言，扩增产生几百万个相同的拷贝。乳液 PCR 终止后，扩增的片段仍然结合在磁珠上。

测序：携带 DNA 的捕获磁珠被放入 PTP 板中进行测序。PTP 孔的直径（29 um）只能容纳一个磁珠（20 um）。放置在 4 个单独的试剂瓶里的 4 种碱基，依照 T、A、C、G 的顺序依次循环进入 PTP 板，每次只进入一个碱基。如果发生碱基配对，就会释放一个焦磷酸。这个焦磷酸在 ATP 硫酸化酶和荧光素酶的作用下，释放出光信号，并实时地被仪器配置的高灵敏度 CCD 捕获到。有一个碱基和测序模板进行配对，就会捕获到一分子的光信号，由此一一对应，就可以准确、快速地确定待测模板的碱基序列。

与其他第二代测序平台相比，454 测序法的突出优势是较长的读长，目前 GS FLX 测序系统的序列读长已超过 400 bp。虽然 454 平台的测序成本比其他新一代测序平台要高很多，但对于那些需要长读长的应用，如从头测序，它仍是最理想的选择。

（2）454 知识拓展：焦磷酸测序法。

焦磷酸测序（Pyrosequencing）技术是近年来发展起来的一种新的 DNA 序列分析技术，它通过核苷酸和模板结合后释放的焦磷酸引发酶级联反应，促使荧光素发光并进行检测，是一个理想的遗传分析技术平台，既可进行 DNA 序列分析，又可进行基于序列分析的单核苷酸多态性（Single Nucleotide Polymorphism，SNP）检测及等位基因频率测定等，该项技术目前已被广泛应用于医学生物等各个领域。

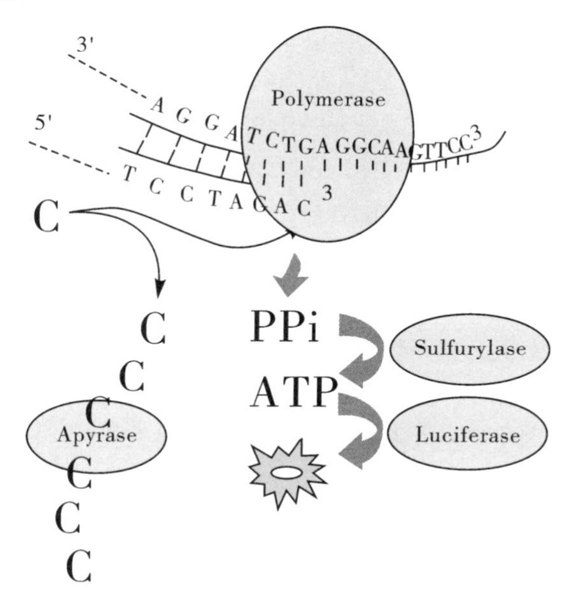

图 3-3　焦磷酸测序法

（3）Solexa 测序技术。

Illumina 公司的新一代测序仪 Genome Analyzer 最早由 Solexa 公司研发，以单分子阵列技术为基础，利用合成测序（Sequencing by Synthesis）的原理，实现自动化样本制备及大规模平行测序。

（4）SOLID 测序技术。

SOLID 全称为 Supported Oligo Ligation Detetion。是 ABI 公司于 2007 年底推出的全新测序技术，目前已发展到 SOLID 3 Plus。与 454 测序法和 Solexa 的合成测序法不同，SOLID 是通过连接反应进行测序的。其基本原理是以四色荧光标记的寡核苷酸进行多次连接合成，取代传统的聚合酶连接反应，可对单拷贝 DNA 片段进行大规模扩增以及高通量并行测序。SOLID 3 Plus 系统就通量而言，技术的改进是革命性的。

（五）意义

基因测序方法的飞速发展让我们不仅知晓了人类的全基因组序列，小麦、水稻、家蚕以及很多细菌的序列也都尽在掌握，这时探明一段序列所代表的生物学意义成了科学家的新目标。

通过对人类基因组序列的分析，科学家发现30亿对核苷酸组成的庞大序列中只有1.5%用于编码基因，另外还有少许扮演调控基因表达的角色，剩余的大部分都是功能未知的“垃圾DNA”。从表面上看，人与人之间的不同是如此缤纷复杂，但深入DNA水平上，基因编码序列却只有0.1%的不同。很多时候，在1对序列上，人与人之间只有一个核苷酸的差异，这种现象被科学家命名为单核苷酸多态性（Single Nucleotide Polymorphisms，简称SNPs）。以往在数万个人类基因中筛选致病相关基因就像大海捞针，科学家需要取得同一个家族的多位患者的标本，才能设法定位这个基因究竟在何处。现在有了快速测序技术和SNPs这个强有力的工具，筛查疾病易感人群、鉴定致病或抑病基因、药物高通量的设计与测试乃至个性化医疗都将不再是憧憬中的事情。

SNPs的大量存在让人们意识到人类基因组图谱并非独一无二，实际上每个人都有自己的独特图谱。随着基因测序速度指数般的提升，不少商家也嗅到个人基因组图谱服务的商机——既然人与人之间大部分的DNA序列都是一致的，那么通过筛查SNPs，找出顾客基因组中的不同之处，尤其是找出一些与疾病相关的位点，也不失为一种“准个人基因组服务”。

有个别商家将个人基因组测试服务的价格已降低至399美元，这一平民价格终于让一度高不可攀的个人基因组测试走入了寻常百姓家。据商家声称，通过这项服务，顾客可以了解到日后罹患肿瘤、奥茨海默症、糖尿病以及其他疾患的风险。

不过面对这些发展得如火如荼的个人基因测试服务，一些科学家提出了自己的担忧，疾病与基因有时并非百分之百地一一对应，很多目前已知的疾病标记只是轻微提高疾病风险，但却会造成不必要的担心。

个人基因测试大行其道后带来基因歧视以及遗传数据保护不当导致的隐私泄露问题，也被生物伦理学家所关注。此前在美国，曾有多家保险公司以一些黑人携带地中海贫血病基因为由拒绝为其提供医疗保险。不过好在2008年5月，美国参众两院均以压倒多数通过了《遗传信息无歧视法案》，其中明文规定基因检测显示某人易患某种疾病，保险公司不得据此提高医疗保险费或者拒绝为其提供保险。同样，雇主也不能以基因信息作为招聘、解雇或升职等的依据。

飞速发展的基因测序技术还在帮助科学家不断地从DNA序列中挖出更多的秘密，未来怎样难以预料。诚如人类基因组研究的知名专家、美国塞莱拉公司首席科学家克雷格·文特尔所言：“破译基因组密码的意义就如同在刚发现电的那个时代，没有人能想象出个人电脑、互联网一样。”

三、DNA 芯片技术

（一）基本原理

DNA 芯片技术，实际上就是一种大规模集成的固相杂交，是指在固相支持物上原位合成（In Situ Synthesis）寡核苷酸或者直接将大量预先制备的 DNA 探针以显微打印的方式有序地固化于支持物表面，然后与标记的样品杂交。通过对杂交信号的检测分析，得出样品的遗传信息（基因序列及表达的信息）。由于常用计算机硅芯片作为固相支持物，所以称为 DNA 芯片。根据芯片的制备方式可以将其分为两大类：原位合成芯片和 DNA 微集阵列（DNA microarray）。芯片上固定的探针除了 DNA，也可以是 cDNA、寡核苷酸或来自基因组的基因片段，且这些探针固化于芯片上形成基因探针阵列 DNA 芯片技术。因此，DNA 芯片又被称为基因芯片、cDNA 芯片、寡核苷酸阵列等。

（二）制作步骤

DNA 芯片技术主要包括四个步骤：芯片制备、样品制备、杂交反应、信号检测和结果分析。

（1）芯片制备。制备芯片主要以玻璃片或硅片为载体，采用原位合成和微矩阵的方法将寡核苷酸片段或 cDNA 作为探针按顺序排列在载体上。芯片的制备除了用到微加工工艺外，还需要使用机器人技术。以便能快速、准确地将探针放置到芯片上的指定位置。

（2）样品制备。生物样品往往是复杂的生物分子混合体，除少数特殊样品外，一般不能直接与芯片反应，有时样品的量很小。所以，必须将样品进行提取、扩增，获取其中的蛋白质或 DNA、RNA，然后用荧光标记，以提高检测的灵敏度和使用者的安全性。

（3）杂交反应。杂交反应是荧光标记的样品与芯片上的探针进行的反应产生一系列信息的过程。选择合适的反应条件能使生物分子间反应处于最佳状况中，减少生物分子之间的错配率。

（4）信号检测和结果分析。杂交反应后的芯片上各个反应点的荧光位置、荧光强弱经过芯片扫描仪和相关软件可以分析图像，将荧光转换成数据，即可以获得有关生物信息。基因芯片技术发展的最终目标是将从样品制备、杂交反应到信号检测的整个分析过程集成化以获得微型全分析系统。

（三）应用

基因芯片技术应用领域主要有基因表达谱分析、新基因发现、基因突变及多态性分析、基因组文库作图、疾病诊断和预测、药物筛选、基因测序等。另外，基因芯片在农业、食品监督、环境保护、司法鉴定等方面都将做出重大贡献。基因芯片的飞速发展引起世界各国的广泛关注和重视。鉴于基因芯片的巨大潜力和诱人的前景，基因芯片已成为各国学术界和工业界研究和开发的热点。尤其在美国，正处于人类基因组计划以来的第二次浪潮之中，美国总统克林顿在 1998 年 1 月的国情咨文中指出："在未来的 12 年内，基因芯片将为我们一生的疾病预防指点迷津。" 1998 年 6 月 29 日，美国宣布正式启动基因芯片计划，联合私人投资机构投入了 20 亿美元以上的研究经费。世界各国也开始加大投入，以基因芯片为核心的相关产业正在全球崛起，美国已有 8 家生物芯片公司股票上市，平均每年股票上涨 75%。据专家统计：全球生物芯片工业产值为 10 亿美元左右，预计今后 5 年之内，生物芯片的市场销售可达到 200 亿美元以上。美国《财富》杂志载文：在 20 世纪科技史上有两件事影响深远：一件事是微电子芯片，它是计算机和许多家电的心脏，它改变了我们的经济和文化生活，并已进入每一个家庭；另一件事就是生物芯片它将改变生命科学的研究方式，革新医学诊断和治疗，极大地提高人口素质和健康水平。鉴于生物芯片技术具有巨大理论意义和实际价值，基因芯片研究在国内也有了很快的发展。例如，复旦大学、中科院上海冶金所、清华大学、联合基因有限公司、军事医学科学院、中科院上海细胞所等单位已在生物芯片技术方面取得了较大突破，相信未来将有我国生产的生物芯片产品投放市场。

四、DNA 重组技术

（一）重组 DNA 技术

重组 DNA 技术来源于两个方面的基础理论研究——限制性核酸内切酶（简称"限制酶"）和基因载体（简称"载体"）。限制酶的研究可以追溯到 1952 年美国分子遗传学家 S. E. 卢里亚在大肠杆菌中所发现的一种所谓限制现象——从菌株甲的细菌所释放的噬菌体能有效地感染同一菌株的细菌，可是不能有效地感染菌株乙；少数被感染的菌株乙的细菌所释放的同一噬菌体能有效地感染菌株乙可是不能有效地感染菌株甲。经过长期的研究，美国学者 W. 阿尔伯在 1974 年终于对这一现象做出了解释，认为通过噬菌体感染而进入细菌细胞的 DNA 分子能被细菌识别而分解，细菌本身的 DNA 则由于已被自己所修饰（甲基化）而免于被分解。但有少数噬菌体在没有被分解以前已被修饰了，这些噬菌体经释放后便能有效地感染同一菌株的细菌。被菌株甲（或菌株乙）这一菌株所修饰的噬菌体只能有效地感染菌株甲（或菌株乙），而不能有效地感染菌株乙（或菌株甲），说明各个菌株对于外来 DNA 的限制作用常常是专一性的。通过进一步的研究发现，这种限制现象是由于细菌细胞中具有专一性的限制性核酸内切酶的缘故。

重组 DNA 技术中所用的载体主要是质粒和温和噬菌体两类，而在实际应用中的载体几乎都是经过改造的质粒或温和噬菌体。英国微生物遗传学家 W. 海斯和美国微生物遗传学家 J. 莱德伯格等在 1952 年首先认识到大肠杆菌的 F 因子是染色体外的遗传因子。1953 年法国学者 P. 弗雷德里克等发现大肠杆菌产生大肠杆菌素这一性状为一种染色体外的大肠杆菌素因子所控制。1957 年，日本学者发现了抗药性质粒。后两类质粒都是在遗传工程中广泛应用的质粒。

重组 DNA 技术中广泛应用的噬菌体是大肠杆菌的温和噬菌体 λ，它是在 1951 年由美国学者 E. 莱德伯格等发现的。

20 世纪 70 年代初，生物化学研究的进展为重组 DNA 技术奠定了基础。1972 年美国的分子生物学家 P. 伯格等将动物病毒 SV40 的 DNA 与噬菌体 P22 的 DNA 连接在一起，构成了第一批重组体 DNA 分子。1973 年美国的分子生物学家 S. N. 科恩等又将几种不同的外源 DNA 插入质粒 pSC101 的 DNA 中，并进一步将它们引入大肠杆菌中，从而开创了遗传工程的研究。

现代基因技术的快速发展，特别是基因重组技术与 RNA 干扰技术的发展给基因作物的第二次绿色革命的发展添加了助推器，基因作物的种植面积直线上升。1996 年仅为 170 万公顷，到 2004 年，已达 8100 万公顷。美国的农作物转基因的占了 70% 多。美国、阿根廷、加拿大是目前世界上转基因植物应用最广的国家。1995—1998 年的 4 年间，全世界范围内转基因植物销售收入增加了 20 倍，2000 年已超过 30 亿美元，预计到 2010 年将达到 250 亿美元。基因重组技术有如下优势：第一，增加产量。在传统作物中植入快速生长基因后，农作物的特性得到了改善，不仅可缩短生长期而且还增加作物产量，使土地得到了最大限度的充分利用，也使人类从此告别缺粮的历史。第二，改良品质。植入不同的基因片段，可使食品的外观、味道、口感甚至营养成分完全改变，将使人类的食物进入一个随心所欲的新时期。第三，增强抗逆性。通过基因改变，使传统作物具备了抵御病虫害的能力，因此可大大减少农药和杀虫剂的使用，防止环境污染；通过改良基因，人类能让作物具有耐寒、耐热、耐干旱或耐涝的不同特性，从而适应不同的生长环境，农作物将彻底告别靠天种植的历史。第四，生产转基因药品。将一种有治疗作用的基因植入某种食品，人们只需吃食物就能预防或治疗疾病。正因为转基因技术有以上的巨大优势，各国才争相投入大量财力，加紧对转基因技术的研究，打造“生物技术经济强国”战略计划，制定并实行更具竞争力的优先发展的基本公共政策。正如美国著名未来学家保罗先生预言：“推动社会经济未来发展的代表方针将由信息科学转为生物科学。”

1. DNA 重组步骤和技术路线

（1）重组 DNA 技术一般包括四个步骤：

① 获得目的基因。

② 与克隆载体连接，形成新的重组 DNA 分子。

③ 用重组 DNA 分子转化受体细胞，并能在受体细胞中复制和遗传。

④ 对转化因子筛选和鉴定，对获得外源基因的细胞或生物体通过培养，获得所需的遗传性状或表达出所需要的产物。

（2）重组 DNA 片段的取得主要方法有：

① 利用限制酶取得具有黏性末端或平整末端的 DNA 片段。

② 用机械方法剪切取得具有平整末端的 DNA 片段，例如用超声波断裂双链 DNA 分子。

③ 经反向转录酶的作用从 mRNA 获得与 mRNA 顺序互补的 DNA 单链，然后再复制形成双链 DNA（cDNA）。例如人的胰岛素和血红蛋白的结构基因都用这方法获得。这样获得的基因具有编码蛋白质的全部核苷酸顺序，但往往与原来位置在染色体上的基因在结构上有所区别，它们不含有被称为内含子的不编码蛋白质的间隔顺序。

④ 用化学方法合成 DNA 片段。从蛋白质肽链的氨基酸顺序可以知道它的遗传密码。依照这个密码，用化学方法可以人工合成基因。

（3）DNA 片段和载体相连接的方法主要有四种：

① 黏性末端连接：每一种限制性核酸内切酶作用于 DNA 分子上的特定的识别顺序，许多酶作用的结果产生具有黏性末端的两个 DNA 片段。例如来自大肠杆菌的限制酶 EcoRI 作用于识别顺序（↑指示切点）：

…G↓AATTC…

…CTTAA↑G…

产生具有黏性末端的片段：

…G…CTTAA

AATTC…G…

把所要克隆的DNA和载体DNA用同一种限制酶处理后再经DNA连接酶处理，就可以把它们连接起来。

② 平整末端连接：某些限制性内切酶作用的结果产生不含黏性末端的平整末端。例如来自副流感嗜血杆菌（Hemophilus Parainfluenzae）的限制酶Hpal作用于识别顺序：

…GTT↓AAC…

…CAA↑TTG…

产生末端DNA片段：

…GTT…GAA

用机械剪切方法取得的DNA片段的末端也是平整的。在某些连接酶（例如感染噬菌体T4后的大肠杆菌所产生的DNA连接酶）的作用下同样可以把两个这样的DNA片段连接起来。

③ 同聚末端连接：在脱氧核苷酸转移酶（也称末端转移酶）的作用下可以在DNA的3’羧基端合成低聚多核苷酸。如果把所需要的DNA片段接上低聚腺嘌呤核苷酸，而把载体分子接上低聚胸腺嘧啶核苷酸，那么由于两者之间能形成互补氢键，同样可以通过DNA连接酶的作用而完成DNA片段和载体间的连接。

④ 人工接头分子连接：在两个平整末端DNA片段的一端接上用人工合成的寡聚核苷酸接头片段，这里面包含有某一限制酶的识别位点。经这一限制酶处理便可以得到具有黏性末端的两个DNA片段，进一步便可以用DNA连接酶把这样两个DNA分子连接起来。

（4）导入宿主细胞将连接有所需要的DNA的载体导入宿主细胞的常用方法有四种：

① 转化，用质粒做载体所常用的方法。

② 转染（见转化），用噬菌体DNA做载体所用的方法，这里所用的噬菌体DNA并没有包上它的外壳。

③ 转导，用噬菌体做载体所用的方法，这里所用的噬菌体DNA被包上了它的外壳，不过这外壳并不是在噬菌体感染过程中包上，而是在离体情况下包

上的，所以称为离体包装。

④ 注射，如果宿主是比较大的动植物细胞则可以用注射方法把重组 DNA 分子导入。

选择用以上任何一种方法连接起来的 DNA 中既可能包括所需要的 DNA 片段，也可能包括并不需要的片段，甚至包括互相连接起来的载体分子的聚合体。所以接受这些 DNA 的宿主细胞中间只有一小部分是真正含有所需要的基因的。一般通过两种方法可以取得所需要的宿主细胞：

① 遗传学方法。对于带有抗药性基因的质粒来讲，从被转化细菌是否由敏感状态变为抗药的状态就可以知道它有没有获得这一抗药性质粒。一个抗药性基因中间如果接上了一段外来的 DNA 片段，就使获得这一质粒的细菌不再表现抗性。把一个带有两个抗性基因氨苄青霉素抗性和四环素抗性的质粒 pBR322 用限制酶 Bam HI 处理，由于 Bam HI 唯一的识别位点是在四环素抗性基因中，所以经同一种酶处理的 DNA 分子片段就可以连接在这一基因中间。在被转化的细菌中选择只对氨苄青霉素具有抗性而对四环素不具抗性的细菌，便可以获得带有外来 DNA 片段的载体的细菌。这是一种常用的遗传学方法。

② 免疫学方法和分子杂交方法。当一个宿主细胞获得了携带在载体上的基因后，细胞中往往就出现这一基因所编码的蛋白质，用免疫学方法可以检出这种细胞。分子杂交的原理和方法同样可以用来检测这一基因的存在。

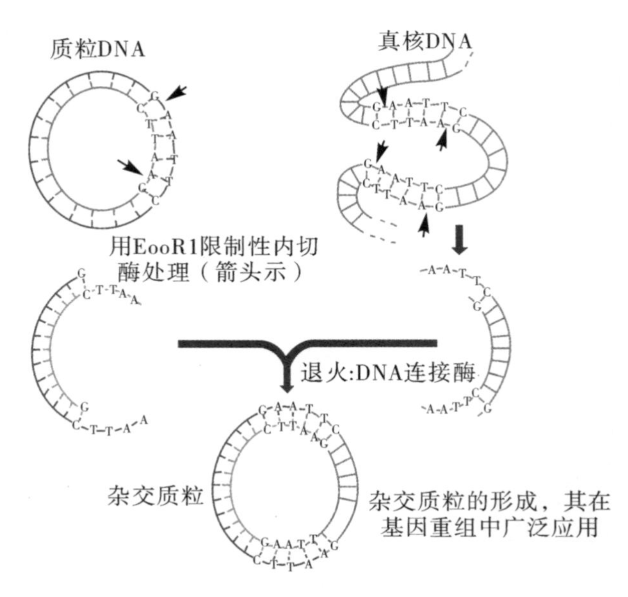

图 3－4　杂交质粒示意图

第四章　动物克隆技术

一、动物克隆概述

（一）动物克隆的概念

“克隆”一词来源于希腊语“klon”，原意为插枝，即指通过无性繁殖方式产生子代的过程。在生物学中，它包括了分子克隆、细胞克隆和动物克隆三个不同部分。其中分子克隆是指基因片段的复制扩增过程；细胞克隆是指一个细胞经有丝分裂产生一群细胞的过程。

动物克隆（Animal Cloning），从广义上来讲，是指动物不经过雌雄配子结合的有性生殖方式而直接获得与亲本具有相同遗传组成的后代的过程，即无性生殖。在自然条件下，克隆现象普遍存在于动物、植物和微生物，如蜜蜂的孤雌生殖和哺乳动物的同卵双生现象都是一种自然的克隆。通常，将所有非受精方式繁殖所获得的动物均称为克隆动物，将人为产生克隆动物的方法称为克隆技术（Cloning Technique）。目前的动物克隆技术主要有胚胎分割、卵裂球分离培养、细胞核移植、单性（孤雌）生殖和胚胎干细胞介导的动物克隆技术等。在高等哺乳动物，细胞核移植技术是目前生产克隆动物的最为有效的技术方法。因此，狭义的动物克隆即是指利用细胞核移植技术生产克隆动物的过程，其根据所用供体细胞的来源又可分为胚胎细胞核移植和体细胞核移植。

（二）动物克隆的意义

由于动物克隆技术能够产生在遗传组成上完全相同的个体，并且该技术本身涉及胚胎生物学、发育生物学、遗传学等多个学科的理论问题，因此，动物克隆技术在基础科学研究、人类医学研究、畜牧业发展和濒危动物保护等方面均具有重要意义。第一，动物克隆技术为许多生物学基础问题的研究提供了一个强大的技术平台，有助于人们更加深入了解动物胚胎发育、细胞分化、重编程和细胞衰老等长期困扰人们的重要生物学问题。第二，可以为生物医学研究提供遗传性状一致的实验动物，有助于提高医学试验的准确性，并且治疗性克隆可应用于医学研究与临床。第三，能迅速扩大优良种畜的数量，加快育种进程。第四，可用于珍稀和濒危动物的扩繁和保种。此外，动物克隆技术在转基因动物制备与扩繁、家畜性别控制等方面也具有重要实践意义。

（三）动物克隆的研究历史

1. 单性生殖

单性生殖包括孤雌生殖（Parthenogenesis）和孤雄生殖（Patrogenesis）。在自然状态下，孤雌生殖现象在无脊椎动物和低等脊椎动物中较为常见，但未见有孤雄生殖现象。1899 年，德国生物学家 Loeb 首次提出人工激活孤雌生殖的概念，他通过针刺和改变溶液浓度的方法成功激活了海胆和青蛙的卵母细胞。哺乳动物孤雌发育的试验研究始于 19 世纪 30 年代，Pincus 等采用改变温度和渗透压的方法激活兔卵母细胞。此后，孤雌激活研究逐渐在各种动物中展开。目前，大多数哺乳动物的卵子都能被化学和物理的方法有效激活，并能发育到囊胚阶段。1999 年，日本科学家铃木达行等人研究发现，牛孤雌激活胚胎能和体外受精胚胎进行嵌合，并获得牛犊，说明孤雌胚胎来源的细胞可以参与机体组织的形成。2004 年，日本科学家河野等通过遗传改造印记基因的方法，成功获得了来自两位“母亲”，而没有“父亲”的小鼠降生。虽然单纯孤雌激活的胚胎均不能发育至出生，但可以用来分离建立胚胎干细胞系。近年来，单倍体胚胎干细胞的研究得到了广泛关注。2012 年，我国科学家李劲松和周琪研究团队分别先后利用去除受精卵中雌原核或雄原核的方法获得孤雌发育和孤雄发育的小鼠胚胎，并成功建立了小鼠孤雌单倍体胚胎干细胞和孤雄单倍体胚胎干细胞系。

2. 胚胎分割与卵裂球分离培养

20 世纪五六十年代，Tarkowski 等人进行了胚胎卵裂球分离的实验研究，证明了小鼠 2 – 细胞胚胎的每个卵裂球都具有发育成正常胎儿的“全能性”。随后大量的研究表明，2 – 细胞期小鼠胚胎单个卵裂球、8 – 细胞期兔胚胎单个卵裂球、2－8－细胞期的绵羊胚胎单个卵裂球都具有继续支持胚胎发育的潜能，甚至是一些16－细胞期的大鼠胚胎卵裂球都能够发育到囊胚期。1991年，Saito等培养4－8－细胞的猪胚胎单个卵裂球，取得了40%～50%的囊胚率，移植后成功产仔。此后，随着胚胎卵裂球分离培养技术的不断完善，已分别在小鼠、兔、绵羊、山羊、牛、马等动物上成功地获得了来源于2－细胞胚胎单卵裂球的活体后代。在兔、绵羊和猪上则获得了来源于8－细胞胚胎单卵裂球的活体后代。但由于该方法的成功率很低，其分离培养方法存在很多不足之处，故未能得到广泛应用。

胚胎分割可以看成是胚胎卵裂球分离培养的另一种形式，它是通过机械的方法将早期胚胎分割成二等份或几等份，从而获得同卵双生或同卵多生动物的一项技术。最早的胚胎分割实验是在家兔上进行的。1968年，Mullar等将家兔的8－细胞胚胎一分为二，移植给受体母兔后，生出了仔兔。随后，Trounson和Moore（1974）分割绵羊胚胎，繁殖出同卵双羔。进入20世纪80年代后，哺乳动物的胚胎分割技术发展很快，先后在绵羊、牛、山羊、马、猪等动物上获得了同卵双生的后代，其中在绵羊上获得同卵四羔的成绩。在此期间，胚胎分割和卵裂球分离培养技术曾一度成为研究热点，被认为是哺乳动物克隆的有效方法。然而，由于胚胎分割和卵裂球分离技术本身所固有的局限性，可以获得的克隆动物数量非常有限，人们也同时在探索细胞核移植的动物克隆方法。

3. 细胞核移植

早在1938年，细胞核移植的设想就已提出。德国著名胚胎学家Spemann（1938）首次进行了蝾螈受精卵横缢实验（图4－1）。他利用婴儿头发将蝾螈受精卵结扎为两部分：一部分含有细胞核，另一部分只含有细胞质；其中有细胞核的部分能够发生卵裂，而无核部分不能卵裂。当有核部分发育到16－细胞期时，松动头发丝，使一个卵裂球进入无核部分，然后再次扎紧头发。结果发现重新获得卵裂球的部分也能正常发育成一个完整的胚胎，证明了16－细胞期的胚胎细胞核仍然具有发育的全能性。在此基础上他提出："分化细胞的核如果与全能性的合子核相同，那么通过移植核到无核的卵子中就可以诱导有机体的完整发育过程。"但是，由于当时实验技术条件等方面的原因，Spemann未能找到将细胞核导入卵母细胞中的方法。1952年，Briggs和King对此设想进行了尝试，将已分化的蛙囊胚细胞核移植到去核的卵母细胞中，经正常卵裂发育成蝌蚪，这是首次细胞核移植试验获得成功，并由此开辟了高等动物生物学研究的新领域。1962年，Gurdon将已分化的蝌蚪肠上皮细胞移植到去核的蛙卵中，结果产生出了具有生殖能力的蛙，证明了蝌蚪的体细胞的核仍然具有发育的全能性。

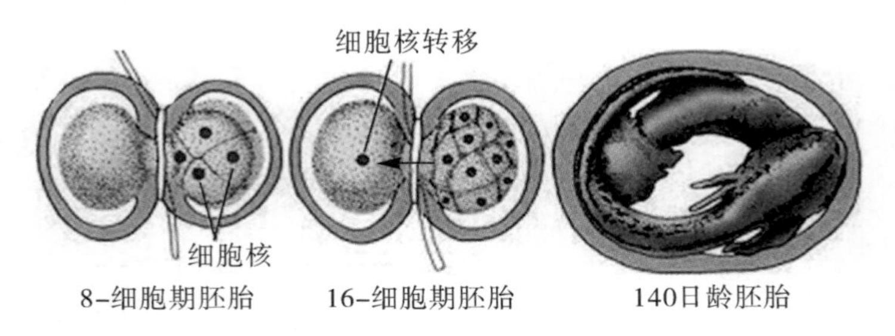

图4-1 蝾螈受精卵横缢实验示意图

虽然低等动物通过细胞核移植的方法来进行动物克隆早已取得成功，但哺乳动物的核移植却困难重重。当时的显微操作技术和相关理论尚不完善，故人们将主要精力放在了卵裂球的分离培养和胚胎分割技术上面。直到1981年，Illmensee和Hoppe利用显微操作仪将小鼠囊胚内细胞团细胞的核注射到去核的受精卵中，体外培养至囊胚期后移植到同期的代孕母鼠子宫中，成功获得了首批克隆小鼠。遗憾的是当时他们的实验结果未被其他实验室重复出来，人们仍然对核移植技术缺乏信心。直到1983年，McGrath和Solter首次利用显微操作技术和细胞融合技术，将单细胞期小鼠胚胎作为核供体进行核移植，得到了产仔结果，并成功建立了重复性较高的细胞核移植技术程序，使得细胞核移植的效率得到了大大提高。随后，哺乳动物细胞核移植技术的研究进展很快，先后获得了克隆绵羊、克隆牛、克隆兔、克隆猪、克隆山羊等克隆动物。然而，早期的哺乳动物细胞核移植所用的细胞核均为早期胚胎细胞的细胞核。这是由于人们当时一致认为，早期胚胎细胞的核具有发育的全能性，能够较好地支持核移植胚胎的发育。而对于已分化细胞的细胞核，当时普遍认为它们已经失去了发育的全能性，故不能支持卵子完成个体发生的全过程。但是，胚胎细胞核移植技术受限于有限的胚胎细胞数量，并不适于进行大批量的动物克隆。

直到1997年，Wilmut等人的创造性工作突破了这一禁区。他们将来自6岁的绵羊乳腺上皮细胞用血清饥饿法培养后作为核供体细胞移入去核卵母细胞，克隆出了世界上首例成年动物体细胞核移植的绵羊——“多利”。随后，该项技术发展很快，并先后成功克隆了数十种动物，动物克隆技术进入了一个划时代的发展阶段——体细胞克隆时代。当前，体细胞核移植技术已经成为生命科学研究、克隆动物生产和转基因动物制备的最为常用的研究工具和重要技术手段。

4. 胚胎干细胞与四倍体胚胎补偿

该技术是建立在嵌合体技术和胚胎干细胞技术之上的。1971 年，Graham 等利用单个四倍体胚胎细胞与单个二倍体胚胎细胞制备嵌合体胚胎，发现在发育足月的仔鼠中没有检测到四倍体细胞。1977 年，Tarkowski 等发现在小鼠 2n/4n 嵌合体胚胎发育过程中，四倍体胚胎细胞主要分布于胚外组织，在胎儿部分几乎找不到四倍体胚胎细胞，表明四倍体胚胎细胞的主要功能是形成胚外组织。1981 年，Evans 和 Kauffman 成功建立了小鼠胚胎干细胞（Embryonic Stem Cells，ESC）系。随后的研究表明胚胎干细胞是“全能”细胞，可以参与机体各种组织器官的发育，但它参与胚外组织形成的能力有限。因此，在四倍体胚胎细胞和胚胎干细胞进行嵌合的过程中，ES 细胞广泛参与胚体和部分胚外组织的形成，而四倍体来源的细胞仅参与胚外组织的形成，两者的发育能力互相补偿，可得到完全来源于 ES 细胞的个体，这种技术被称为“四倍体胚胎补偿技术”（Tetraploid Embryo Complementation）。1993 年，Nagy 等首次将小鼠 ES 细胞和四倍体胚胎进行聚合，成功得到了完全由 ES 细胞发育而来的克隆小鼠。随后，更多的人将 ES 细胞注射到四倍体囊胚中来获得 ES 细胞克隆小鼠。但是，该方法仅适用于已经建立胚胎干细胞的动物克隆，且目前仅见小鼠上有成功的报道。2010 年，中科院周琪课题组将诱导多能干细胞（iPSc）通过四倍体胚胎补偿技术得到存活并具有繁殖能力的 IPSc 小鼠，四倍体胚胎补偿技术也成为鉴定多能性干细胞发育能力的黄金标准。

二、动物单性生殖技术

在哺乳动物，单性生殖即指孤雌生殖（Parthenogenesis），是指卵子不经受精，直接产生个体的繁殖方式。由于孤雌生殖的个体直接来自卵子，没有经过受精过程导致的遗传重组，其遗传物质与卵子完全一致，故而孤雌生殖也属于动物克隆技术的一种方式。另外，单核发育（包括雌核发育和雄核发育）虽然也属于特殊的单性生殖，但它是在卵子受精后雌雄原核融合之前，其中一方亲本的遗传物质降解消失，从而不能参与胚胎的生长发育。因此，单核发育应归属于有性生殖。

（一）单性生殖的技术方法

1. 孤雌生殖技术

孤雌生殖技术是指利用物理或化学的方法人为刺激卵母细胞，使卵子不经受精而活化，产生单性胚胎的过程。孤雌生殖现象普遍存在于一些低等动物，如昆虫和两栖类动物。但在哺乳动物中尚未见到自发孤雌生殖现象。不过现代生物学技术能够通过各种物理、化学方法将卵母细胞激活，获得孤雌胚胎。孤雌胚胎能够发育到囊胚甚至着床，但终因胚外组织发育不全而不能发育至个体。

（1）电激活方法。

电激活是哺乳动物孤雌胚胎制备最为常用的方法。它是将成熟卵母细胞用电激活液洗涤后，转移到含有激活液的电极槽内，给予一定强度的直流电脉冲可以使卵膜上出现大量微孔，胞外 Ca^{2+} 通过微孔进入卵母细胞内而激活卵子。电激活孤雌胚胎的发育能力与电激参数相关。Fissore（1992）报道电刺激的持续时间和电场强度均会影响胞质内钙离子升高的幅度。Lee 等（2004）提出猪卵母细胞孤雌激活的最佳参数是 2.2 kV/cm 电场强度、1 次持续 30 μs 的直流电脉冲。为了提高激活效果，一般在电激活后再辅以化学激活处理。

（2）化学激活方法。

目前用于孤雌激活的常用试剂有乙醇、离子霉素、钙离子载体等。1994年，Yang 等用 7% 的乙醇处理卵母细胞 10 min 成功激活了牛卵母细胞。据其他物种的大量研究表明，利用乙醇或离子霉素进行激活后，再辅以环乙酰亚胺（CHX）、细胞松弛素 B（CB）或 6－二甲基氨基嘌呤（6－DMAP）处理4～6 h 可提高孤雌激活胚胎卵裂率和囊胚发育率。Aoyagi 等（1994）用钙离子载体 A23187 和电脉冲对牛卵母细胞进行激活处理后，再用 10 μg/mL 的 CHX 处理 6 h，卵裂率达到 94%，囊胚率达到 42%。

（3）电—化联合激活方法。

为了提高动物卵母细胞的激活效果，通常将上述电激活方法和化学激活方法联合使用。即动物卵母细胞在电激活处理后，再辅以化学激活。经牛、羊、猪等多种动物的研究表明，卵母细胞电激活后，再用适当浓度的 CHX 或 6－DMAP 辅助处理，可以提高卵母细胞的激活率和体外发育能力。

另外，研究发现，哺乳动物孤雌激活胚胎不能发育到期的原因与胚胎中印记基因表达模式错误有关，最主要的印记基因有 IGF2 和 H19。2004 年，Kono 等对 H19 和 IGF2 印记基因进行遗传改造，成功获得了来自两个卵母细胞，而没有精子参与的小鼠降生，并且这只小鼠具有正常的生殖能力。

2. 雌核发育的技术方法

雌核发育（Gynogenesis）是指精子正常进入卵子激活卵子发育，但精子遗传物质并未参与胚胎发育，胚胎仅在母体遗传的控制下进行发育的一种方式。雌核发育不同于孤雌生殖，它是需要精子进入卵子才能启动胚胎发育的一种特殊的有性生殖。其主要制备方法如下：

（1）异种精子受精。

采用远源精子与卵子受精，远源精子能够激活卵子，但不能与雌原核融合，从而诱导雌核发育。

（2）物理、化学处理。

利用物理（如射线照射）或化学试剂（如甲基硫酸乙烷等）处理精子，使精子染色体失活。然后利用失活精子与卵子受精，从而诱导雌核发育。

（3）显微手术法。

利用显微操作仪，将处于原核期受精卵的雄原核去除。该方法正逐渐成为单核发育胚胎制备的主流技术。

单倍体胚胎的发育能力较差，可以通过 2－细胞胚胎电融合或化学药物（如 CB 等）处理使单倍体胚胎二倍体化。实际上，单倍体胚胎在发育的过程中也有自发二倍体化的倾向。

3. 雄核发育的技术方法

雄核发育（Androgenesis）与雌核发育相反，是指胚胎在雄原核控制下进行发育的一种特殊的有性生殖方式。

其制备方法可以使用正常精子与遗传失活的卵子受精，也可以将正常受精卵的雌原核利用显微操作仪去除或者将单个精子注射到去核卵母细胞中（图 4－2），激活胚胎发育，然后进行单倍体胚胎的二倍体化诱导，即可得到纯合二倍体胚胎。但是研究表明，Y 精子的雄核发育胚胎早期死亡，不能发育到囊胚阶段。

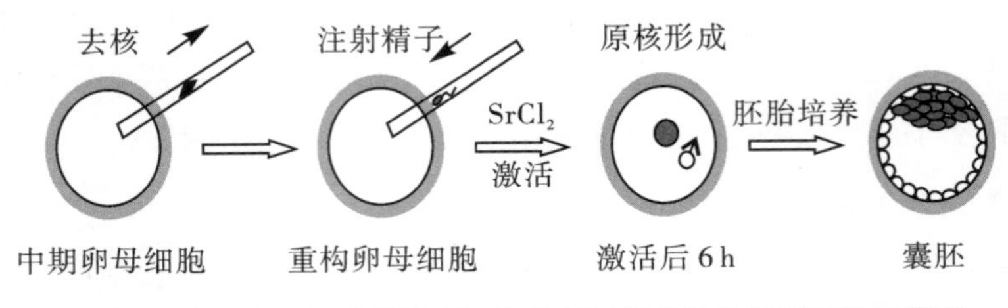

图 4－2 去核卵母细胞单精子显微注射制备单倍体孤雄胚胎示意图

（二）单性生殖的应用现状及应用前景

虽然哺乳动物单性生殖尚未见成功产仔的报道，但是由于其独特的生殖发育特点，在遗传学理论研究、纯系近交系培育等方面具有重要意义。

1. 快速建立纯系近交系

由于单性生殖技术可以快速获得同源型二倍体胚胎，是获得纯系近交系的有效途径，已被国内外广泛应用。传统的育种方法一般需要连续 10 代以上近交才能建立一个纯系，而单性生殖技术连续 2 代就可以建立一个纯系，并且为培育单性种群提供了可能。

2. 为遗传学理论和隐性遗传研究提供理想材料

在杂合二倍体动物，由于显性基因的影响，使得对某些隐性遗传基因的功能研究变得非常困难。而单性生殖可以得到大量单倍体细胞和纯合二倍体细胞，这对于研究隐性基因、环境因素对动物基因型或表型的影响，以及某些隐性遗传疾病的机制和治疗等具有重要意义。最近，利用显微操作技术已经成功制备了小鼠雌核发育和雄核发育的早期胚胎，并从中分离得到了单倍体胚胎干细胞，而且这些干细胞能够参与机体组织器官的形成。

三、胚胎分割与卵裂球分离培养技术

胚胎分割与卵裂球分离培养技术均是动物克隆较为原始的方法。胚胎分割是继胚胎移植技术后迅速发展起来的一项胚胎工程技术，它主要是采用化学预处理和机械方法，用特制的显微刀片或玻璃微针将早期胚胎分割成 2 份或多份，从而获得同卵双生或同卵多生的一项技术。分割的胚胎通常为 2－细胞期到囊胚期的早期胚胎。胚胎卵裂球分离培养技术与胚胎分割技术类似，它是通过化学和机械方法将动物的早期胚胎分离成单个细胞或少数几个细胞的组合，然后分别进行体外培养，使之独立发育形成完整的胚胎，经胚胎移植后可获得遗传组成完全相同的动物个体。由于卵裂球的发育潜能随着胚胎的发育而逐渐减弱，故通常只能分离培养 8 - 细胞以前的早期胚胎。

（一）胚胎卵裂球分离培养的技术方法

1. 胚胎卵裂球的分离方法

胚胎卵裂球的分离主要有两种方式：一种是通过机械法切开透明带，吸出和分离胚胎卵裂球；另一种是利用链蛋白酶消化除去胚胎透明带，再用显微吸管吹打分离卵裂球。陈乃清等（1996）对卵裂球分离方法进行了比较，发现酶消化法容易控制，卵裂球获得率达 75% ~92%，其中以链酶蛋白酶 E 效果最好。具体操作如下：

① 将胚胎置于含 0.5% 链酶蛋白酶的无蛋白 PBS 中作用片刻，用口径略小于透明带外径的玻璃管持续吹打，直至发现透明带分为两层，外层去除后，内层透明带会在酶的作用下膨胀起来。此时用内径略大于胚胎的吸管将胚胎移入不含酶的操作液中，清洗干净。

② 用口径略小于膨大的透明带，但略大于胚胎外径的吸管将处理后的胚胎轻轻吸入吸管中，残余的透明带则会留在吸管外。

③ 将无透明带的胚胎用 PBS 洗数次后，移入无 Ca^{2+}、Mg^{2+} 的 Hank’s 溶液中培养约 10min。

④ 根据待分离胚胎卵裂球的大小，用边缘光滑、口径适宜的吸管轻轻地吹打胚胎，分离卵裂球细胞。

2. 胚胎卵裂球的培养方法

由于胚胎卵裂球在不同卵裂阶段数目不同，在培养卵裂球时，可以单个培养，也可以多个一起培养。

（1）单个卵裂球的有透明带培养。通常将从 8 - 细胞期之前的胚胎中分离出单个卵裂球，分别放入预先准备好的空透明带中进行培养（图 4 - 3）。Smith 等（1992）将来自 2 - 、4 - 、8 - 细胞期胚胎的猪单个卵裂球分别放入预先准备好的透明带内进行培养，结果发现囊胚发育率分别为 23%、15% 和 9%，内细胞团细胞数分别为 24.3 ± 4.4、17 ± 1.8、13 ± 1.3，表明随着胚胎的发育，其单个卵裂球的发育潜能下降。

（2）单个卵裂球的无透明带培养。将分离得到的单个胚胎卵裂球转移到培养液微滴中进行单独培养，或者在含有胚胎培养液的培养皿中用锥子扎一些小孔，每孔放置一个卵裂球进行培养。虽然，目前认为透明带对早期胚胎发育具有支持和保护作用，但并非必不可少。1991 年，Saito 等将猪 8－细胞期单个卵裂球在体外进行无透明带培养，不仅正常发育，还得到一头正常的崽猪，表明单个卵裂球的无透明带胚胎也能正常培养发育。

（3）人造透明带包裹培养法。有学者认为，透明带具有防止早期胚胎免受白细胞吞噬的侵害和防止分裂后的卵裂球离散的作用。但在对胚胎的显微操作过程中，不可避免地会对透明带造成机械损伤。因此，有人建立了利用其他物质来修补受损透明带或完全代替透明带的胚胎培养方法。常用的包被物质有琼脂、岩藻酸、氯化钙等。1987 年，Adaniya 等用海藻酸钙和氯化钙溶液包埋2－细胞期的胚胎，顺利发育至囊胚。可见，人造透明带包裹卵裂球培养的方法是可行的。

（4）多个卵裂球培养。是将分离得到的 2 个以上卵裂球放到一起培养，或者在胚胎发育的不同阶段，取出一部分卵裂球进行培养。1967 年，Tarkowski 等将 2 个 8－细胞期小鼠胚胎的卵裂球同时取出并放在一起培养，其囊胚发育率达到 10%。Smith 等（1992）从猪 4－细胞期胚胎取出 2 个卵裂球，从 8－细胞期胚胎取出 4 个和 6 个卵裂球，其剩余部分的囊胚率分别为 28%、44%、35%，表明卵裂球占整个胚胎比例越大，则发育能力越高。

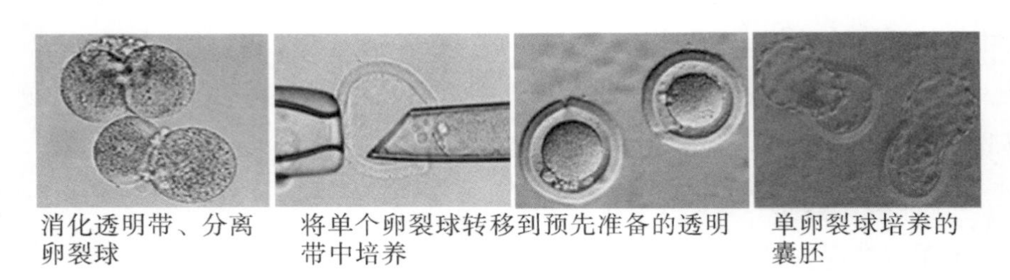

图 4－3 单个卵裂球分离与培养示意图

（二）胚胎分割的技术方法

胚胎分割的基本程序包括分割器具的准备、胚胎的预处理、胚胎分割、分割胚的培养与移植。

1．分割器具的准备

胚胎分割所需要的主要器械有显微操作仪、倒置显微镜、体视显微镜和拉针仪等。在进行胚胎分割之前需要利用显微操作仪、拉针仪和锻针仪制作胚胎固定管和分割针。固定管要求末端钝圆，外径与被分割胚胎的直径相似或略小，内径为20～30 μm。分割针目前有玻璃针和微刀两种类型。玻璃针一般由实心玻璃棒拉制而成，针尖直径约15 μm，长200～300 μm，用于切割。微刀是用锋利的金属刀片与实心玻璃棒粘在一起制成的。

2. 胚胎的预处理

为了降低胚胎分割操作对胚胎卵裂球造成的损伤，胚胎通常在分割之前利用无 Ca^{2+}、Mg^{2+} 的0.2%～0.3%链蛋白酶溶液进行短时间处理，使透明带软化变薄或去除透明带。处理时间通常控制在1 min以内，也可根据体视显微镜下观察的透明带变化情况来控制预处理时间。

3. 胚胎分割

与卵裂球分离方法类似，将发育良好的胚胎移入无 Ca^{2+}、Mg^{2+} 的胚胎分割液滴中，通常采用含0.2 mol/L蔗糖的杜氏磷酸缓冲液（DPBS），可使胚胎细胞间的连接变得松弛，便于切割。然后在显微镜下利用分割器具将胚胎一分为二。不同发育阶段的胚胎，分割方法略有不同（图4－4）。

（1）Willadsen分割法。将早期胚胎（2－16－细胞期）用胚胎固定管固定，用玻璃微针切开透明带，再用玻璃微管吸出和分离卵裂球，并分别移入预先准备好的透明带内。此方法对胚胎损伤不大，可达到同卵多胎的目的，但技术要求较严格，不易于稳定掌握，故在应用上受到较大限制。

（2）Williams分割法。将胚胎用胚胎固定细管固定，用显微外科刀从固定点的对面切割，将胚胎一分为二，其中一枚半胚移入备用的透明带内，另一半胚保留在原透明带内，可进行半胚培养或立即移植。该方法获得的分割胚移植妊娠率高，但操作比较烦琐，用于生产还有一定难度。

（3）T Suzuki分割法。又称铃木分割法，它是在大分子物质的溶液（如蔗糖等）中分割胚胎。先用胚胎固定管固定胚胎，然后从固定点的对面用显微外科刀分割，不从透明带中取出分割细胞团而直接移植。大分子物质能有效防止两个切开的细胞团的重新融合，该方法是生产同卵双生动物的有效快捷途径。

（4）酶消化透明带显微玻璃针分割法。在常温下，将卵子移入0.2%～0.5%链霉蛋白酶液，经3 min以上，在体视镜下观察卵子。将透明带已脱落的卵子移至添加BSA的培养液中，洗涤除去透明带，再放入无 Ca^{2+}、Mg^{2+} 的PBS中，用玻璃针直接分割。Nagashima等用该法对小鼠的胚胎进行分割，所得无明显卵裂球损伤的半胚移植给假孕母鼠获得半胚鼠。

（5）徒手切割法。该法由内蒙古畜牧科学研究所建立，多用于晚期桑葚胚或囊胚期胚胎的分割。在 90 ×45 mm 塑料培养皿内，做数个约 100 μl 的液滴，置于体视显微镜下，移一枚胚胎入液滴，用右手拇指和食指捏好刀片，角度以指肚能接触皿底为宜，先用刀片在含有胚胎的液滴平皿底部轻轻划一痕，把胚胎拨移至痕迹线上，刀刃在胚胎中部由上至下将胚胎一分为二，再用吸管将 2 枚半胚胎移入新的液滴洗净，装管移植。陈静波等用此法切 12 枚牛的胚胎和 13 枚绵羊胚胎，移植后获得 9 头犊牛和 8 只羔羊。这种分割方法简便易行，无须使用专门复杂的仪器，成功率也较高，现场生产条件下即可进行，但需防止胚胎污染。

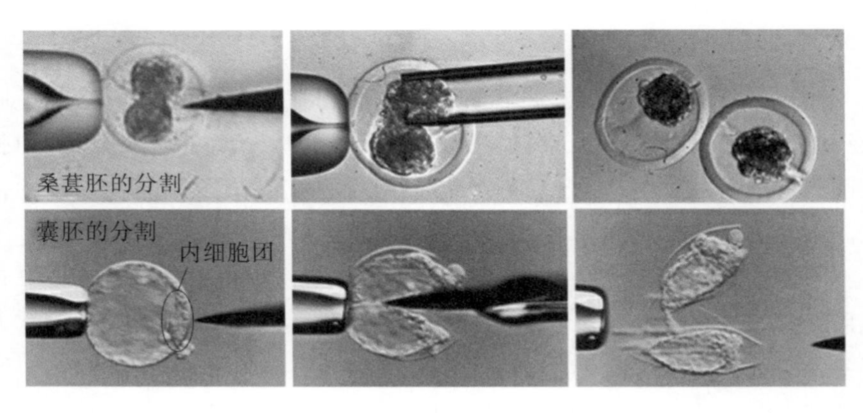

图 4 –4　桑葚胚和囊胚分割示意图

（三）胚胎分割与卵裂球分离培养存在的问题

虽然胚胎分割和卵裂球分离培养技术能够获得克隆动物，但是其克隆动物数量有限、在技术体系等方面还有许多不足。目前存在的主要问题如下：

（1）卵裂球分离培养体系不完善，胚胎发育率低、质量不高。虽然有单个卵裂球发育产仔的报道，但成功率很低，并且单个卵裂球分离培养后，无法再进一步分离培养，这就限制了该法获得的克隆动物数量。

（2）胚胎的分割数量有限，某些技术环节还存在不足，损害胚胎发育能力，致使移植产仔率较低，出现胎儿畸形或初生胎儿体重偏低等情况。

（3）胚胎分割和卵裂球分离培养需要较昂贵的显微操作仪器，技术操作要求高，需要专门的技术熟练人员进行操作，这极大地影响了该技术在生产中的推广应用。

（4）胚胎分割后移植所产下的动物还存在遗传性状不一致的问题。虽然分割后的胚胎遗传组成完全相同，但由此产生的后代的遗传表型并不一定完全一致。有报道显示，牛桑葚胚和囊胚分割移植后产下的同卵双生犊牛，其斑纹并不完全相同。其原因可能是桑葚胚和囊胚的细胞已经产生分化，致使分割胚胎之间出现差异，影响了动物成形后的表型性状。但目前对不同阶段胚胎细胞分化情况和发育能力的机制了解较少。

（四）胚胎分割与卵裂球分离培养的应用现状及前景

1. 生产克隆动物，为遗传学和医学研究提供理想动物模型

胚胎分割和卵裂球分离培养技术是制备克隆动物的有效方法，它可以获得基因型完全相同的同卵双生或同卵多生动物个体。这些动物是遗传学上研究遗传物质与环境互作机制、人类医学上药物和治疗方案筛选等研究的理想动物和试验材料，可以提高试验结果的准确性与可靠性。

2. 促进和提高畜牧业发展水平

对于繁殖周期长的具有重要经济价值的优良品种家畜，该技术可以使胚胎数量倍增，提高胚胎的利用率，扩大优良家畜数量和提高经济效益。在育种上便于后裔测定，可将分割的一对半胚移植一枚，另一枚冷冻保存，待移植的半胚所生后代生产性能确定之后，再考虑是否移植冷冻保存的另一半胚。这样便可使后裔测定的工作减少一半，并省去因盲目移植所造成的经济损失。另外，扩大了胚胎数量，对胚胎移植技术的推广应用起到了积极的推动作用。

3. 用于制备嵌合体

该技术可用于生产嵌合体，主要是利用显微操作技术，将同种或异种胚胎的卵裂球分离出来，进行不同胚胎来源卵裂球的融合，或将卵裂球注入另一胚胎中，制备嵌合体胚胎，移植给受体后可得到嵌合体动物。嵌合体对于研究种间母—胎相互作用和免疫学理论研究具有重要意义。

4. 早期胚胎遗传诊断

利用胚胎分割和卵裂球分离显微操作技术进行早期胚胎的遗传诊断是该技术的重要应用方向之一。早期胚胎遗传诊断包括性别鉴定和遗传缺陷诊断。目前常采用的方法是羊膜穿刺产前检查，这种方法测定时间较晚，风险较大。近年来发展起来的早期胚胎活检技术受到人们的广泛关注，它即是利用胚胎分割

技术，取出着床前胚胎的部分细胞进行生化和分子生物学检查，以确定胚胎的性别和遗传缺陷，对于优生优育具有重要意义。另外，在畜牧业上可实现性别控制，可避免异性孪生不育，提高生产经济效益。

四、细胞核移植技术

细胞核移植技术（Nuclear Transfer）是指利用显微手术、细胞融合等方法将不同发育时期的胚胎或成体动物的细胞核移植到去核的成熟卵母细胞中，重新组成胚胎，经过人工激活和体外培养后移植入代孕母体内，使其发育为与核供体细胞具有相同遗传物质的个体。细胞核移植技术是哺乳动物克隆最为有效的方法，从理论上讲，动物克隆的数量不受限制，可以无限延续。

（一）细胞核移植的技术方法

细胞核移植的一般程序主要包括以下步骤：供核细胞的准备、核受体胞质的准备、供体核的注入与融合、重构胚胎的激活、重构胚胎的培养与胚胎移植（图 4－5）。

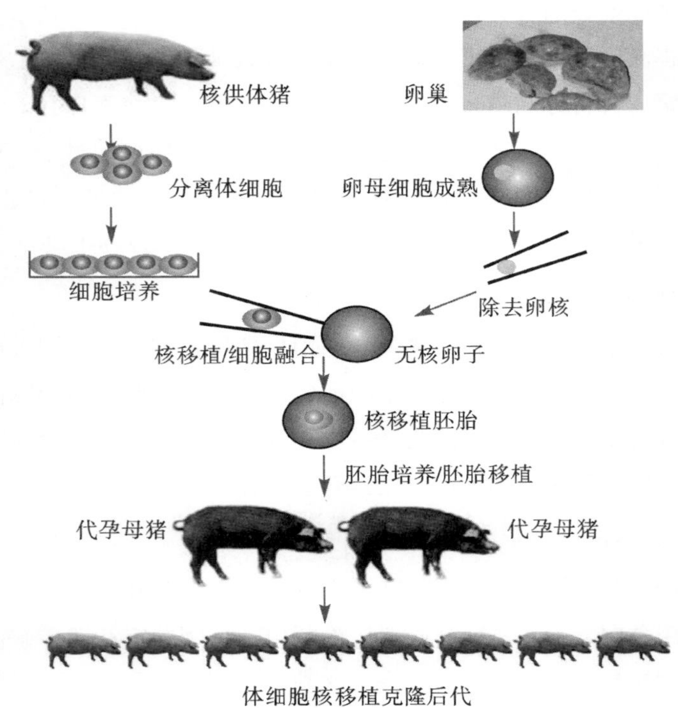

图 4－5　猪体细胞核移植技术路线示意图

1. 供核细胞的准备

供核细胞的准备是核移植技术最为关键的一环，对动物克隆效率具有重要影响。供核细胞可以是胚胎细胞、胚胎干细胞和体细胞。供核细胞的种类和发育阶段的不同，其核移植的效果仍存在着较大差异。从理论上讲，细胞分化程度越低，其克隆胚胎的发育能力越强。但是，由于胚胎细胞的来源和数量有限，许多物种尚未建立胚胎干细胞，所以利用胎儿或成体动物体细胞（如成纤维细胞、颗粒细胞等）进行核移植是目前哺乳动物克隆的最为有效的途径。

在选择供体细胞核时，需要考虑到供核细胞所处的细胞周期与受体胞质所处细胞周期的匹配问题，即核质互作。受体胞质通常来源于第二次减数分裂中期（MII）的成熟卵子，将供核细胞与受体胞质融合，供核细胞的核膜将发生破裂。如果移植的细胞核处于 G2 期或 S 期，由于 DNA 再次复制而形成多倍体，通常会导致重构胚胎死亡。但是，核质同期也不是绝对的，核质细胞周期不同步时，可通过校正机制协调核质关系。Collas 等（1992）在兔的核移植试验中发现，G1 期供体细胞核的囊胚发育率（71%）明显高于 S 期的细胞核（15%）。特别是 Wilmut 等（1997）用血清饥饿法将绵羊的乳腺上皮细胞静止在 G0 期，成功获得了成年体细胞的克隆羊“多利”，表明了细胞周期调控对核移植效果的重要性。

获得大量同源供体核是提高核移植克隆效率的重要途径。使细胞同步化的方法主要有血清饥饿法、接触抑制法、抖落法以及化学处理细胞同期化等方法。Polejaeva 等（2000）对颗粒细胞进行血清饥饿法培养后，其核移植胚胎的囊胚发育率显著提高。然而 Cibelli 等（1998）研究表明，血清饥饿培养对供体细胞的再程序化没有必要。Bordignon 等（2000）比较了不同培养条件对牛胎儿成纤维细胞再程序化的影响，发现正常贴壁培养的供体细胞核移植囊胚发育率与血清饥饿法培养的供体细胞相近，但非贴壁培养供体细胞的囊胚发育率则显著降低，表明细胞周期调控对细胞核移植的效果并不是不重要，而是因为细胞培养过程中的接触抑制也同样起到调控细胞周期的作用。利用化学试剂如 Aphidicolin、Nocodazole 等也可以实现细胞周期调控。Nocodazole 处理可以使细胞停留在 M 期，Aphidicolin 可以将细胞周期阻滞于 G1/S 过渡阶段。Kues 等（2000）先用血清饥饿法培养猪的成纤维细胞 2 d，再用含 6mmol/L APD 的 10% FBS 培养液培养 14 h，可使 80.2% 细胞停留在 G1/S 期。

2. 核受体胞质的准备

在哺乳动物核移植研究中，用作受体胞质的主要有去核受精卵（合子）和去核 MII 成熟卵母细胞。虽然采用去核受精卵的细胞质作核受体已得到了克隆动物，但其重构胚胎的发育能力有限，克隆效率较低。当前，去核的成熟卵母细胞被广泛用作核移植的受体胞质。

成熟卵母细胞的来源主要有两种：一是对雌性动物进行超数排卵，获得体内成熟的卵母细胞；二是从屠宰物的卵巢上采集卵丘—卵母细胞复合体（COCs），经体外成熟培养获得成熟卵母细胞。随着卵母细胞体外成熟培养技术的完善，现在人们都采用体外成熟的卵母细胞作为受体胞质来源。

成熟卵母细胞在核移植前需要进行去核，若不去核或去核不完全，将会因重构胚胎染色体的非整倍性或多倍体而导致发育受阻和胚胎早期死亡。因此，去核方法极为重要。目前常用的去核方法有荧光示核法、盲吸法、挤压法、半卵法、化学辅助去核法以及微分干涉和极性显微镜去核法。在去核前，通常将卵母细胞置于含细胞骨架限制因子，如细胞松弛素 B（CB）的培养液中进行短暂的处理，以提高卵母细胞的柔软性，降低去核操作对细胞骨架系统的损伤。

（1）荧光示核法。先用活细胞染料 Hoechst 33342（2 ~ 8 μg/mL）对卵母细胞染色 10 ~ 15 min，然后在荧光显微镜的紫外光激发下可显示核的位置，用去核针将卵母细胞核吸出。此方法可达到较高的去核成功率，但紫外线照射可能影响卵母细胞质的功能，进而影响核移植胚胎的发育能力，所以通常不建议采用此方法去核。

（2）盲吸法。由于卵母细胞第一极体刚排出时，其核物质就在极体的附近，因此以第一极体为参照，用显微去核针将极体附近的细胞质连同极体一起吸出便可去掉细胞核。但是，部分卵母细胞的第一极体在体外操作的过程中可能会发生位置移动，将会影响到卵母细胞的去核率。通常，采用盲吸法去核卵母细胞的去核时间应尽可能选择在刚排出第一极体时。对于体外成熟培养（IVM）的卵母细胞来讲，通常牛、羊是在 IVM 后 18 ~ 20 h 去核，猪是在 IVM 后 42 ~ 44 h 去核。去核时吸出的细胞质不宜过多，一般以 1/3 ~ 1/4 为宜。盲吸法的去核率与物种和操作人员技术水平有关，一般去核率均能达到 70% 以上。

（3）挤压法。该方法的原理与盲吸法类似，是以卵母细胞第一极体位置作为参照的去核方法。首先，调整卵母细胞使其极体位于 12 时位置并用持卵针固定，然后用实心玻璃针将极体上方的透明带挑破一个小口，再将实心玻璃针移到卵母细胞的正上方，往下压卵母细胞透明带，会使第一极体连同附近的部分胞质从透明带破口处被挤出，从而达到去核目的。与盲吸法相比，在相同去核率情况下挤压法的细胞质去除量会更少。

（4）半卵法。是以平行于极体与卵母细胞接触面的方向将卵母细胞切为两半，去掉带有极体的一半，然后用无极体的一半进行核移植。这种方法的去核率可达到100%，但由于去掉的胞质过多，会影响核移植胚胎的发育能力。因此，有人通过将两枚去核的半卵与供体细胞融合，并取得了良好的效果。2001年，Booth 等将两枚半卵与颗粒细胞融合，囊胚发育率达到37%。

（5）化学辅助去核法。在去核前利用特定化学试剂处理卵母细胞，使卵母细胞核位置突出，或使染色体更加紧密，便于完成去核。1993 年，Fulka 等用 Etoposkle 和放射菌酮处理处于第一次减数分裂中期的小鼠卵母细胞，处理后的染色体相互紧密结合形成染色体复合体，在卵母细胞排出极体时，染色体复合体随极体一起排出，使卵母细胞去核成功率达90%。2002 年，Yin 等发现利用 Demecolcine 处理兔子成熟卵母细胞，可以使卵母细胞核的位置凸出于细胞膜表面，有助于提高去核效果。

（6）微分干涉和极性显微镜去核法。利用特殊的光学显微镜系统能直接观察到卵母细胞染色体的位置，如微分干涉相差显微镜下可观察到小鼠卵母细胞的染色体，可直接进行去核操作。最近研制出一种纺锤体图像观察系统（Spindle View），可直接观察到牛、羊、猪等卵母细胞的纺锤体，从而可准确地对卵母细胞去核，但该系统较为昂贵。

3. 供体核的注入与融合

去核卵母细胞经短时间恢复就可作为核移植的受体接受供体核的移入。常用的核移植方法有两种：胞质内注射和透明带下注射。

（1）胞质内注射。利用内径略小于供核细胞直径的注射针吸取已准备好的单个供核细胞，反复吹吸几次使细胞在管内来回移动，造成其细胞膜破裂，然后将其核连同周围细胞质直接注射到去核的卵母细胞胞质中，完成核移植。

（2）透明带下注射。通常用注射针吸取形态良好的完整供核细胞，并沿去核时留在透明带上的切口插入透明带下，反吸一点受体胞质，然后将供核细胞注射到卵周隙内，这样可使供核细胞与胞质紧密地黏在一起，便于随后的细胞融合。采用透明带下注射时，必须再进行细胞融合才能完成核移植胚胎的重构。

电融合法是目前动物核移植的最佳融合方法，其不仅能够使供核细胞与受体胞质有效融合，还可引起重构胚胎的激活。在融合过程中，先将待融合细胞置于融合液中平衡 3 min，通常采用 0.25 ~ 0.3 mol/L 的甘露醇融合液，然后将待融合细胞置于两电极之间，调整位置使供核细胞与受体胞质的接触面和电场方向垂直，然后给予细胞 1 ~2 次直流电脉冲便可诱导细胞融合。将电激后的重构胚胎移入胚胎培养液中培养 30 min 后检查细胞融合情况，选择融合成功的重构胚进行胚胎培养或胚胎移植。影响电融合效果的因素很多，融合液种类、电脉冲强度与时间、融合仪型号、动物种类等都会对融合效果产生影响。

Collas 和 Robl（1990）在兔研究上发现，老化卵母细胞构建的核移植胚胎其融合率会显著降低。陈乃清等（1999）在猪胚胎细胞融合研究中发现，非电解质融合液（甘露醇）的融合率和融合胚的发育能力均优于电解质融合液（DPBS）。另外，融合率与供核细胞的大小也有密切关系。体积较小的供核细胞与受体胞质之间的接触面较小，不易进行融合。有研究表明，当用体积较小的供核细胞（直径 $<20\ \mu m$）进行核移植时，细胞质内注入法要优于细胞融合法（Trounson et al，1998）。

4．重构胚胎的激活

核移植胚胎的正常发育有赖于卵母细胞的充分激活，低的核移植胚胎发育能力可能与卵母细胞未充分激活有关。在卵母细胞正常受精过程中，精子入卵会引起卵母细胞内游离 Ca^{2+} 浓度升高并伴随着一系列 Ca^{2+} 的振荡，从而引起卵母细胞活化，启动胚胎发育程序。核移植重构胚胎常用电激活方法，可与细胞融合同时进行。在直流电脉冲作用下，重构胚胎的细胞膜产生许多微孔，电融合液中的 Ca^{2+} 通过微孔进入细胞质，激活重构胚胎。但这种电激活方法仅能引起 Ca^{2+} 浓度的单次升高，而不能产生类似受精过程的 Ca^{2+} 震荡，故激活效果不够理想。

为了提高卵母细胞的激活效果，通常在电激活后还要利用化学试剂进行辅助激活。Wakayama 等（1998）采用电融合后再用乙醇和钙离子载体进行激活处理，明显提高了核移植胚胎的发育率。近年来的大量研究表明：钙离子载体结合放线菌酮和细胞松弛素处理、乙醇结合放线菌酮和细胞松弛素处理、离子霉素或钙离子载体结合二甲基氨基嘌呤（6 - DMAP）处理、电激活结合三磷酸肌醇与 6 - DMAP 处理等，都是有效的辅助激活处理方法。

5．重构胚胎的培养与胚胎移植

经融合和激活后的重构胚，其培养方法主要有体内和体外培养两种。体内培养就是在重构胚胎融合激活后，以 1.0% 的琼脂包埋，移入临时的假孕受体（如羊、兔）的输卵管内进行短期培养，然后回收胚胎进行移植。这种方法操作较为复杂，成本高。因此，目前通常采用体外培养方法，即将重构胚胎按照一定密度转移到盛有胚胎培养液的培养皿中，置于培养箱中进行短期培养。

胚胎移植应严格遵守胚胎移植的基本原则，选择生理状况相匹配的健康假孕受体和发育质量良好的胚胎进行移植。在移植过程中要尽可能避免对生殖管道和卵巢的刺激和损伤，每头受体移植胚胎数适宜，如猪的移植有效胚胎数不能少于 4 枚，移植时带入的培养液越少越好，避免带入气泡。

（二）细胞核移植技术的新发展

细胞核移植技术进行动物克隆的本质是利用受体胞质内的重编程因子使已分化的供体细胞核分化到全能性状态，并重新启动正确的胚胎发育程序，最终发育成为一个完整的个体。因此，供核细胞重编程是动物克隆的关键所在，它一方面受到受体胞质重编程能力的影响，另一方面受到供体细胞自身分化程度的影响，这是两个主要的内在因素，所以提高受体胞质质量和采用更易于去分化的供体细胞是提高动物克隆效率的主要研究途径和研究方向。另外，动物克隆技术也是影响克隆效率的关键因素，它是外因。因此，不断完善和提高动物克隆技术也是动物克隆的主要研究方向之一。目前，核移植动物克隆的效率依旧较低，普遍认为，克隆胚胎的不完全重编程是造成克隆动物生产效率低下的主要原因。近年来，研究者对核移植胚胎的重编程分子机制进行了大量研究，使细胞核移植技术体系不断完善，提高了动物克隆效率。现简要总结如下：

1. 受体胞质与供体细胞的选择

通过细胞核移植技术成功克隆哺乳动物，核受体细胞质的质量尤为重要。早期大量的研究表明，未受精的成熟卵母细胞较原核期受精卵细胞具有更好的促进移入核供体去分化和支持克隆胚胎发育的作用。因此，通常采用 MII 期的去核卵母细胞作为核受体。但是最近的研究发现，受精卵的细胞质，即使是多精受精的胞质，也能够较好地支持供体细胞核的重编程和重构胚胎的发育。与以往不同的是，这些报道的受精卵去核发生在原核核膜破裂之后。目前认为，重要的重编程因子存在于细胞核内，在原核期去核会把这些重编程因子去掉，造成供体核重编程不完全。Egli 和 Eggan（2010）研究表明，当使用受精卵胞质作为核受体时，供核体细胞所处的细胞周期对重构胚胎重编程的影响不大，可以不予考虑。在灵长类动物不论使用去核卵母细胞还是去核受精卵作为受体胞质，其核移植胚胎均很难发育到囊胚阶段。但是，当将核体细胞导入未去核的人卵母细胞时，能够很好地对核进行重编程。表明在这些物种中，一些必要的重编程因子与卵母细胞基因组结合非常紧密，很难保证其在去核时不被去掉。

在供体细胞方面，研究发现，虽然多种核体细胞均可用作供核细胞，但利用颗粒细胞作为核供体的克隆效率较高，这可能是因为大多数颗粒细胞本身就处于细胞周期的G0和G1期。通常认为供体细胞的分化程度越低，其核移植克隆动物效率越高。最近，人工诱导多能干细胞（IPSc）技术的出现为动物克隆效率的提高注入了新的动力。但是，当前除小鼠以外，其他动物IPSc技术仍不成熟，得到的IPS细胞存在质量缺陷，以这样的细胞作为供体细胞，未能提高反而降低了动物克隆效率，其机理目前仍不清楚。但这并不意味着以后的IPS诱导技术不能提高动物克隆效率，我们对IPS细胞的应用前景充满信心。另外，重构胚胎的核质比也会影响到克隆效率。周琪等（1996）研究表明，具有异常核质比的胚胎发育到囊胚时的细胞数较正常胚胎的细胞数少，故在核移植时也应控制核质比的变化，以尽可能减少对重构胚发育的影响。

2. 连续细胞核移植

连续核移植又叫双重核移植，即第一次将供核细胞移植到去核成熟卵母细胞中，进行激活处理与培养，于第二天再将重构胚胎的原核取出，移植到去核的受精卵或去核孤雌激活的卵中（图4-6），以此来提高克隆胚胎的重编程效果。2000年，Polejaeva等利用此方法成功获得了5头克隆猪。目前认为，连续细胞核移植有助于促进克隆胚胎的重编程。

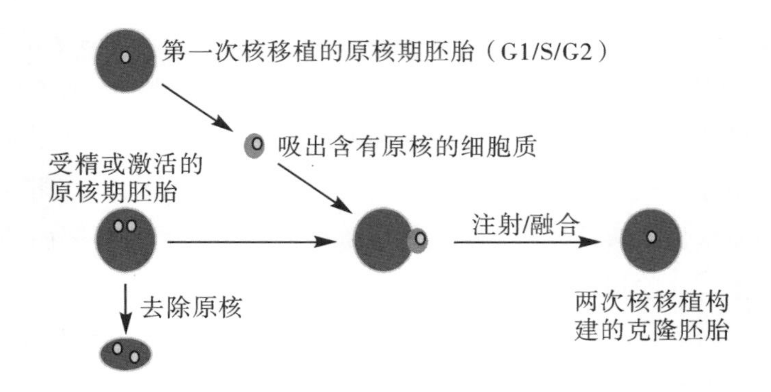

图4-6 连续细胞核移植示意图

3. 延迟激活策略

重构胚胎的融合与激活是动物核移植技术中的关键环节之一，一个好的融合激活策略可能会增加重编程效率，从而提高动物克隆效率。据 Campbell（1999）报道，成熟卵母细胞中存在高水平的成熟促进因子（MPF），可能对核的重编程有益。高水平的 MPF 活性能够加速核膜破裂（NEBD）和早熟染色体凝集（PCC），从而保证核的正确复制与重编程。而当卵母细胞激活后，其 MPF 活性会迅速丧失，而且卵母细胞的激活也必须依赖于 MPF 活性的下降。因此，有人提出核移植胚胎的延迟激活策略，即先只进行重组胚胎融合，过一段时间后再进行激活，从而延长供体核与受体胞质的相互作用时间，提高了克隆胚重编程效率。但是，该方法目前还存在争议，效果不够稳定。

4. 化学辅助表观重编程

用分化的体细胞进行动物克隆，就必须使供体核的基因组去分化，停止其本身的基因表达程序，恢复胚胎发育所必需的胚胎化基因表达模式，这个过程即为供体核的重编程（Reprogramming），包括染色体结构重建、基因印记的擦除与重建、印记基因表达、端粒长度恢复、X 染色体失活等过程。而表观遗传修饰对于细胞核的重编程具有重要的调控作用。表观遗传修饰（Epigenetic Modification）是指对基因组 DNA、核小体组蛋白氨基酸残基以及其他引起染色质结构变化的修饰，这些修饰不会改变 DNA 或氨基酸的序列，但却能够引起基因表达的改变。表观遗传修饰主要包括 DNA 甲基化、组蛋白乙酰化、甲基化、磷酸化和泛素化，等等，在动物发育过程中起着非常重要的作用。

2001 年，Dean 等用 5 - 甲基胞嘧啶抗体对克隆牛胚胎进行了检测，发现克隆牛胚胎并没有进行正常的去甲基化过程。Cezar 等（2003）分析了流产克隆牛、成活克隆犊牛和成年克隆牛的全基因组甲基化状态，发现大部分流产克隆牛的甲基化程度严重不足，而对那些存活的克隆胎儿其甲基化水平与正常胎儿相比也呈显著下降趋势，但是在成年克隆牛和自然繁殖牛之间没有明显差异。目前，对造成克隆胚胎中错误的 DNA 甲基化模式的原因还不是很清楚，只能用供体细胞和配子的表观遗传修饰状态不同来解释。为了提高动物克隆效率，Enright 等（2003）在核移植之前，尝试用 DNA 甲基转移酶抑制剂，如 5 - aza - 2’ - deoxycytidine（5 - aza - dC）处理供体细胞，虽然可以使供体细胞 DNA 甲基化水平降低，但在克隆胚胎的发育上却没有什么效果。

2006 年，Kishigami 等利用组蛋白去乙酰化抑制剂 TSA 处理激活后的小鼠克隆胚胎，使小鼠的克隆效率提高了 3 ~ 5 倍。组蛋白去乙酰化抑制剂处理能够提高早期核移植胚胎的组蛋白乙酰化水平，使供体核染色质松弛，便于受体胞质中的重编程因子与供核染色质的相互作用，使胚胎细胞重编程更加充分。随后经牛、羊、猪等动物的研究表明，利用组蛋白去乙酰化抑制剂 TSA、Scriptaid、VPA 等药物均可以有效提高动物克隆的效率，这是近年来哺乳动物体细胞核移植技术进展最突出的亮点。Zhao 等（2010）报道了利用 Scriptaid 可提高克隆猪的生产效率，并克隆得到了 NIH 小型猪。

5．手工核移植

由于传统的细胞核移植技术要求较高，且需要昂贵的显微操作仪等大型设备，使得核移植技术不易在生产中大规模推广应用。1998 年，Peura 等进行牛胚胎细胞核移植研究过程中初步建立了手工核移植的方法。2001 年，Vajta 等进一步发展和完善了该方法，并成功应用到牛体细胞核移植，获得了克隆后代。

手工核移植也叫作手工克隆或徒手克隆，它是一种不需要昂贵显微操作专业设备，利用一把手术刀和一双灵巧的手，来完成核移植的技术过程。被国际克隆和胚胎学领域誉为“具有划时代意义的突破性技术进展”。以更低的成本和更高的效率促成了克隆动物的快速、批量生产。

手工核移植的主要改进体现在手工切割去核、双半卵融合胞质补偿和无透明带胚胎的培养上。它在去核时，先部分消化成熟卵母细胞的透明带，然后以类似胚胎分割的方法将卵母细胞切成两半，弃去有核的一半。在核移植胚胎重构时，将两个无核半卵与一个供核细胞进行融合，可以补偿切割去核造成的受体胞质损失。在重构胚胎培养时，采用 WOW 的培养方法，使无透明带的重构胚胎单独培养在一个小孔中，可以避免不同核移植胚胎之间的粘连或嵌合。当前，手工克隆在牛、猪、绵羊上均取得了成功，其动物克隆效率与传统方法没有明显区别。手工核移植技术由于具有独到的优势，随着该方法的进一步提高和完善，手工核移植将会在哺乳动物体细胞克隆产业化生产中发挥重要作用。

（三）细胞核移植技术的应用现状及前景

哺乳动物核移植技术发展很快，已经在牛、羊、猪、兔、小鼠等数十种动物上获得成功，并且已经在畜牧业生产、人类医学和基础科学研究等很多领域发挥着重要作用或具有潜在的应用价值。

1．利用核移植技术，进行生命科学基础理论研究

细胞核移植技术本身涉及胚胎生物学、细胞生物学、发育生物学、遗传

学、分子生物学、生物化学等多个学科的理论问题，为许多生物学基础问题的研究提供了一个强大的技术平台。利用核移植技术可以使人们更加深入地了解生长、发育、分化、衰老等长期困扰人们的生物学问题。如证明神经元细胞和淋巴细胞等终端分化的细胞可以通过核移植技术使核物质重新程序化，并产生后代。利用该技术可以构建同质性或异质性的杂种细胞，可以分析线粒体DNA（mtDNA）在后代中的传递问题（Justinet al.，2004）以及在不同遗传背景下胚胎的发育问题，等等。哺乳动物基因组印记的提出和发现直接受益于20世纪80年代初小鼠胚胎细胞克隆的研究（Solter，2000）。利用黑色素瘤细胞进行核移植可以得到成活后代（Hochedlinger et al.，2004），而利用畸胎瘤细胞（Blelloch et al.，2004）进行核移植，所形成的胎儿细胞也容易发生类似供体细胞的肿瘤化，使人们认识到有些癌细胞的发生可能是表观遗传方面发生改变所致，通过核移植可以纠正，但有些可能是由于基因组发生突变引起，而核移植无法纠正。我国著名的生物学家童第周在20世纪70年代就已通过鱼类的细胞核移植来研究核质相互作用的问题，明确了卵母细胞的细胞质对于细胞核逆转性重排具有重要作用，可以支持已经分化了的细胞核“关闭”已表达的基因并重新启动新的基因表达模式。在异种动物核移植上目前取得一定的进展，将牛卵的核移植给绵羊卵、山羊卵，均能支持胚胎发育到囊胚期。中科院陈大元课题组利用兔卵进行了异种克隆大熊猫的尝试，克隆胚胎能够着床，但并未获得个体出生。另外，在克隆动物衰老问题上，美国科学家报道了从已接近死亡的衰老细胞中克隆了6头克隆奶牛，此克隆牛细胞染色体端粒的长度比正常奶牛的端粒长，为何出现这种衰老的逆转，目前尚未明了。利用核移植技术，可以进行逆转衰老的研究。

2. 利用核移植技术，服务于人类医学研究

首先，利用核移植技术，可以为人类医学研究提供理想的实验动物。由于体细胞核移植技术可以产生大量遗传组成上完全相同的个体，是最理想的实验动物，使实验中的遗传变异降低为零，达到很高的统计学可靠性（First，1990）。这对人类医学研究和药物筛选具有非常重要的意义。

其次，利用核移植技术，可以进行治疗性克隆的研究。治疗性克隆（Therapeutic Cloning）是指利用细胞核移植技术和胚胎干细胞、转基因及组织工程等生物技术，体外培养细胞、组织或器官，以替换或修补损伤或病变的细胞、组织或器官，以达到治疗疾病的目的。在治疗性克隆中，利用患者的体细胞可以

得到核移植克隆胚胎，从克隆胚胎中分离培养胚胎干细胞，并进一步分化为机体所需的细胞、组织和器官，以替换或修补损伤或病变的组织。美国科学家发现将来自自身皮肤细胞克隆的神经细胞移植入帕金森运动障碍的小鼠后，小鼠病情得到了明显的改善。在治疗性克隆中，也可以利用组织工程技术，采用生物可降解材料制造器官模型，将胚胎干细胞引入模型中生长，最终获得有功能的器官。此外，还可以利用基因修饰技术对具有遗传缺陷的胚胎进行纠正，由此可以使携带遗传疾病基因的父母获得正常的孩子，这比传统的基因治疗更加有效。由于细胞核移植技术所获得的重构胚胎含有与核供体细胞相同的遗传物质，所以由它获得的细胞、组织和器官与核供体的遗传物质也是相同的，移植后，不会产生免疫排斥。

再次，利用核移植技术和转基因技术，可以制作生产珍贵药用蛋白的生物反应器。供体细胞核移植技术能够解决以往生产转基因动物效率低、成本高、周期长、外源基因随机整合的缺点，提高了转基因动物的生产效率。目前，利用奶牛和奶山羊的乳腺生物反应器，通过乳汁获得转基因表达的药物已成为世界范围内的研究热点。这种药物的生产方式具有产量高、易提纯等特点为人们所广泛关注。已构建了生长激素、γ－干扰素、α－抗胰蛋白酶、凝血因子Ⅸ、抗凝血酶Ⅲ等十几种药物的转基因动物乳腺生物反应器，而这种乳腺生物反应器值得扩繁和延续，最好仍要通过细胞核移植技术进行无性繁殖。

最后，利用转基因克隆技术，可以建立人类疾病的动物模型，以及为人类提供可用于移植的异种器官。动物疾病模型是人类医学研究的必备工具，目前已经建立了小鼠、兔等多种动物的人类疾病模型。与小鼠模型相比，猪在器官大小和生理指标上与人类非常接近，更适合作为研究人类疾病的动物模型。Lai等（2002）和 Phelps 等（2003）分别制备了α－1，3－半乳糖苷转移酶基因敲除猪，可以克服异种器官在移植过程中的超急性免疫排斥反应。将敲除了α－1，3－半乳糖苷转移酶基因的猪心脏进行异位移植能够存活2～6个月。2005年，McGregor 等将转 CD46 基因的猪心脏移植给狒狒后存活了96天。这些研究为人类异种器官移植打下了基础。除了异种器官移植以外，异种组织或细胞移植也能够用来治疗一些人类疾病。已经有多种类型的猪的细胞（如胰岛细胞、神经细胞等）被移植到人体的不同部位来恢复受损的机能。

3. 利用核移植技术，扩大优良牲畜种群，促进畜牧业发展

利用有性生殖进行良种动物繁殖，其后代往往很难将其优良性状完全保留

下来，而且有性生殖往往历时较久，这就限制了优良性状动物的扩大速度。利用体细胞核移植技术能够迅速扩大优良牲畜种畜的数量，尤其是在优良牲畜种畜群体较小的情况下显得尤为重要。在遗传育种上，可以迅速扩增优良种群，加快育种进程。1995 年，日本科学家利用牛的受精卵进行细胞核移植来保护“日本黑毛牛”和“超级母牛”这两种肉、乳良种牛。日本国内已成功克隆出 150 头良种牛。我国也在优良种公牛和种公猪扩繁上取得了良好的效果。而且，克隆动物的动物产品是安全的，有资料表明克隆牛的牛奶和牛肉与自然交配生产的后代之间并没有什么不同。2008 年，美国和欧盟明确规定克隆动物商品上市不再需要特别标注和说明。

另外，转基因核移植技术能够进行抗病育种和新品种的培育，如改善猪肉和羊毛品质的品种培育。通过传统的品种选育进程很慢，在猪上至少需要 70 年才能培育出一个品种，而通过转基因克隆技术，可以加快育种进程。转基因克隆技术可以比较高效地获得整合有外源基因的动物，可以使动物获得新的遗传性状。值得提出的是，转基因克隆技术可以突破种间杂交不育的生殖隔离，在较短时间内培育出常规育种难以育成的动物新品种。曾有人尝试利用基因敲除技术敲除 PrP 基因来生产抗疯牛病的牛、羊。利用体细胞核移植等相关技术，完全可以按照人们的意图培育出饲料转化效率高，生产性能好，繁殖力强和优质动物产品的理想品种，来满足人们的不同需求。华南农业大学与中国农业大学合作，已制备了转植酸酶基因的环保型转基因猪，可以有效减少氮、磷的排放。

4. 利用核移植技术，拯救濒危动物

目前，地球上的动物种类和数量都在急剧下降，如何保护动物物种资源，拯救濒危珍稀动物已迫在眉睫。体细胞核移植技术能够迅速扩大珍稀动物或濒危物种的群体数量，为保护和拯救濒危动物开辟了一条新的途径。新西兰科学家利用体细胞核移植技术已成功克隆了当地一头濒临灭绝的土种牛。但是，限于珍稀动物的数量，不能够为克隆技术提供足够的卵母细胞，因此，人们通常选择与供体动物亲缘关系较近的常见的动物作为卵母细胞的来源和代孕母体，即异种克隆技术。利用异种克隆技术已经成功得到了欧洲盘羊、爪哇野牛（Gaur）和非洲野猫等珍稀濒危动物。由此可见，核移植技术对挽救和保护濒危动物具有重要意义。

（四）细胞核移植技术存在的问题

虽然细胞核移植技术的研究和应用成果不断涌现，在数十种动物上获得了克隆后代，但是该技术仍存在很多问题，集中表现在以下几个方面：

1．总体成功率低，克隆动物成活和发育异常

细胞核移植技术操作环节复杂，影响因素较多。而且某些技术环节仍不完善，如去核环节会导致卵母细胞质损失，或去核不完全或胞质成分损伤等，造成核移植胚胎发育能力不高，克隆动物的出生效率只有1%～5%，且畸形率和出生后死亡率较高。1997年，Kruip等研究发现，克隆牛在妊娠时间和初生体重方面远远超过对照组个体，并且新生牛的多项血液生理指标如胰岛素、甲状腺素水平异常。Hill等（1999）对7头死亡克隆牛解剖发现，其中有4头患有心血管疾病，5头存在胎盘发育异常。2002年，英国对40头克隆牛进行了研究评估，发现有34头克隆牛存在不同程度的缺陷，主要表现在产前畸形、肢体缺陷、行动迟缓，等等。造成这些现象的原因目前仍然不是很清楚，总体上归因于克隆胚胎的不完全重编程。因此，需要进一步深入研究核质互作和表观重编程分子机制，以便进一步改善核移植技术。

2．早衰问题

世界首例体细胞克隆羊“多利”仅存活了6年多，引发了人们对体细胞克隆动物是否会发生早衰问题的担忧。1999年，培育“多利”羊的英国罗斯林研究所科学家宣布“多利”的染色体端粒长度比同年龄普通绵羊要短，这意味着“多利”可能会发生早衰。真核动物细胞染色体的两端存在着一段称之为“端粒”的DNA重复序列，可以保护染色体的稳定性和完整性，以维持DNA的完整复制。研究发现，细胞每传代一次，端粒缩短50～200 bp，当缩短到一定程度时，细胞就不再分裂，表现为衰老。成年动物的体细胞的端粒长度已经不同程度地缩短，有人提出利用成年动物体细胞克隆得到的动物，其生理年龄与细胞供体的年龄相同。然而并非所有研究结果都支持这种说法，有研究报道克隆牛和克隆小鼠的端粒长度并未缩短，动物也并未表现出早衰显现。目前，关于体细胞克隆动物是否早衰尚无定论。但无论结果如何，对这一问题的争论仍有助于人们对生命现象的进一步了解，有助于核移植技术更加成熟地应用于畜牧学和医学等领域的研究。

3. 对克隆分子机制了解不清楚

在核移植过程中，供体细胞导入受体胞质以后，其基因组将发生重新程序化，即擦去供核细胞分化的痕迹，将基因组 DNA 转化为合子时的状态，重新启动胚胎的发育。但是，目前对克隆过程中遗传物质重编程机理以及克隆过程中可能涉及的信号转导、有丝分裂、核质互作以及 DNA 甲基化、组蛋白乙酰化等对供体核的再程序化过程的影响都不很清楚。线粒体遗传问题，雌性动物的 X 染色体失活等问题都需要进一步研究解决。已经证明，受精后父系和母系基因组都发生广泛的去甲基化和再甲基化过程。Dean 等（2001）研究发现，牛正常胚胎在 8 – 细胞期前，甲基化程度进一步下降，到 16 – 细胞期时又开始再甲基化；而克隆胚胎在 1 – 细胞期甲基化程度下降，但以后并不进一步去甲基化，而是提前发生再甲基化。目前认为，DNA 甲基化、组蛋白表观遗传修饰、依赖于 ATP 的染色质重塑和非编码 RNAs 是表观重编程调控的四大机制，但其具体的调控机制仍需进一步研究。

4. 伦理道德问题

体细胞克隆技术的建立使人们看到了其在人类医学、畜牧业生产等领域的重要的价值。但是在人们无尽遐想的同时，克隆人伦理道德等问题也给社会带来了极大的冲击。首先，在克隆人产生的过程中，出现了核供者、卵子供者和子宫供者，克隆个体与三者之间究竟应该是怎样一种关系？这会造成家庭及社会关系、地位、责任和财产划分的混乱，这是伦理、道德和法律所不允许的。其次，克隆是一种无性生殖方式，它会将遗传物质一成不变地传递给子代，这样就失去了有性生殖中子代可以从父母双方各获得一份遗传物质、产生变异的基础，因此也就失去了物种进化的能力。从有性生殖向无性生殖转变，是一种生殖方式的退步。另外，当前的体细胞克隆技术尚不成熟，容易出现克隆个体死亡、畸形和早衰等问题，这会加重社会负担。面对克隆人可能造成的社会伦理道德的问题，美国进行了民意调查，62% 认为应禁止生殖性克隆。目前，已有 23 个国家明令禁止生殖性克隆。我国坚决反对生殖性克隆人研究，但允许“治疗性克隆”研究，因为利用人类胚胎干细胞可开辟治疗癌症、帕金森氏病、老年性痴呆症等多种疾病的途径，对人类健康有益。但即便是治疗性克隆也要谨慎行事，应在国内和国际准则下进行。

五、四倍体胚胎补偿技术

（一）四倍体胚胎的制备技术

多倍体发育现象在植物界以及无脊椎动物中普遍存在，但在哺乳动物中自发形成四倍体的概率非常低，且会发生早期胚胎死亡。小鼠胚胎自然发生多倍体的概率仅有0.1%，表现为只发育成胚外组织而不形成胎儿。当前，人工诱导四倍体技术已经成为实验室的常规技术，为研究多倍体胚胎发育提供了宝贵的方法和经验。四倍体胚胎制备方法主要有：细胞核移植法和抑制卵裂球分裂法、卵裂球融合法。

1．细胞核移植法

即通过显微操作，将二倍体胚胎细胞的细胞核注射到原核期胚胎中，染色体加倍后成为四倍体胚胎。此方法对操作技术要求较高，同时对胚胎损伤较大，仅有9%～15%的胚胎能够发育到囊胚。

2．抑制卵裂球分裂法

通过抑制卵裂球细胞的细胞质分裂而不影响染色体复制和卵裂球继续分裂，从而达到胚胎细胞染色体数目加倍的目的。一般采用细胞松弛素B和秋水仙素等化学试剂处理2－细胞期或者4－细胞期卵裂球来生产四倍体胚胎。Snow（1973）利用细胞松弛素B处理小鼠2－细胞期胚胎，约有60%的胚胎形成四倍体，其中40%～75%能发育到囊胚。但是，这种方法制备四倍体胚胎很难避免化学试剂的毒性损伤，引起胚胎发育阻滞，且该方法不能避免出现异质性嵌合体胚胎，即一个胚胎中的部分细胞变成四倍体，而其他细胞仍然为二倍体的现象。

3．卵裂球融合法

是通过化学或者物理的手段使卵裂球的两个细胞融合成为一个细胞而实现染色体加倍。目前，多采用仙台病毒、聚乙二醇和电融合等方法诱导细胞融合，制备四倍体胚胎。其中，电融合法是最简便、最安全和最高效的四倍体胚胎制备方法。

电融合的原理是在紧密相连的卵裂球接触面上垂直施加一定强度的电脉冲，在短时间内使细胞质膜发生可逆转性的电穿孔，相邻的卵裂球细胞膜发生融合，从而染色体加倍后即可得到四倍体。这种方法对胚胎损伤较小，胚胎发育能力更强，已经广泛应用于小鼠、大鼠、家兔、猪、牛等动物四倍体胚胎的制备。

（二）四倍体胚胎补偿技术

由于四倍体胚胎细胞主要发育为胚外组织，所以可以用来补偿胚外组织发育缺陷的胚胎发育。1993 年，Nagy 等报道了四倍体的 4 - 细胞期胚胎与小鼠的 ES 细胞聚合后，胚胎能够发育到期，获得完全来自于 ES 细胞的后代。Wang（1997）将 ES 细胞注射到四倍体囊胚腔中，也获得了 ES 细胞来源的后代。这种方法被称为四倍体补偿技术（图 4 - 7）。2010 年，Zhao 等利用四倍体补偿技术成功获得了完全来源于诱导多能干细胞（IPSc）的存活后代。Lin 等（2010）比较了 ES 细胞与 2 - 细胞期和 4 - 细胞期四倍体聚合法，以及四倍体囊胚 ES 细胞注射法的小鼠生产效率，发现 2 - 细胞期胚胎聚合法和囊胚注射法的效率接近，但 4 - 细胞期聚合法的效率较低。目前，将全能性干细胞（如胚胎干细胞、内细胞团细胞、IPSc）注射到四倍体囊胚中的方法最为常用。

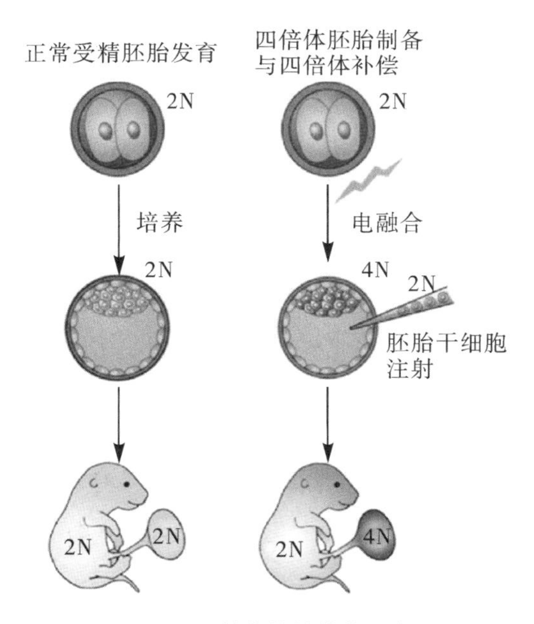

图 4 - 7　四倍体补偿技术示意图

（三）四倍体补偿技术应用现状及前景

1. 是鉴定干细胞全能性的黄金标准

近年来，干细胞研究，如胚胎干细胞（ES）和诱导多能性干细胞（IPS），是生命科学研究领域的持续热点，在多个物种建立了大量的多能性干细胞系。但是，细胞形态和多能性标记相似的干细胞，其质量参差不齐，多能性并不完全相同。确定干细胞的多能性对于干细胞研究、细胞重编程机制等具有重要价值。当前在小鼠上，四倍体胚胎补偿技术已经成为鉴定干细胞全能性的黄金标准。只有通过四倍体胚胎补偿技术可以获得后代的干细胞才是真正的全能性干细胞，即等同于ES细胞多能性。

2. 提高核移植克隆胚胎的发育能力

由于四倍体胚胎细胞主要参与胚外组织如胎盘滋养层的形成，而体细胞核移植胚胎常常因胎盘发育缺陷而流产，所以可以将四倍体胚胎细胞与核移植克隆胚胎进行聚合，以此来弥补体细胞克隆胚胎本身的发育缺陷。目前，已经有人在猪、牛的体细胞克隆上进行了尝试，在一定程度上可以提高克隆效率。

3. 生产克隆动物和转基因动物的有效方法

在小鼠上，四倍体胚胎补偿技术是生产ES克隆动物的有效方法。ES细胞是实现基因打靶的理想细胞。利用ES细胞和四倍体胚胎补偿技术可以快速获得多基因突变体小鼠，能够大大节约时间和成本。人类基因组图谱的发布标志着功能基因组时代的来临，各种基因功能的鉴定及其在医学上的应用使得对动物模型的需求大增。基因敲除技术是研究基因功能的最有效的手段，基因敲除动物模型在未知基因功能研究、人类疾病机制研究和新药开发等方面具有重要的应用价值。而四倍体胚胎补偿技术正是目前最有潜力的建立基因敲除动物模型的手段，但目前仅在小鼠、大鼠、人和猴子上建立了ES细胞系，研究和建立其他动物的ES或IPS，也是今后的重要研究方向。

第五章　抗体的结构与功能

一、概述

抗体（Antibody），又称免疫球蛋白（Immuno globulin，简称 Ig），指机体的免疫系统在抗原刺激下，由 B 淋巴细胞或记忆细胞增殖分化成的浆细胞所产生的、可与相应抗原发生特异性结合的免疫球蛋白。主要分布在血清中，也分布于组织液及外分泌液中。最初有人用电泳证明血清中抗体活性在 γ 球蛋白部分，故曾把抗体统称为丙种（γ）球蛋白。后来发现，抗体活性并不都在 γ 区，而且位于 γ 区的球蛋白，也不一定都具有抗体活性。1964 年，世界卫生组织举行专门会议，将具有抗体活性以及与抗体相关的球蛋白统称为免疫球蛋白（Ig）。免疫球蛋白是结构化学的概念，而抗体是生物学功能的概念。可以说，所有抗体都是免疫球蛋白，但并非所有免疫球蛋白都是抗体。

（一）抗体结构

图 5－1　抗体分子的立体示意图

抗体是具有 4 条多肽链的对称结构，其中 2 条较长、相对分子量较大的相同的重链（H 链）；2 条较短、相对分子量较小的相同的轻链（L 链）。链间由二硫键和非共价键连接形成一个由 4 条多肽链构成的单体分子。轻链只有 κ 和 λ 两种，重链有 μ、δ、γ、ε 和 α 五种。整个抗体分子可分为可变区和恒定区两部分。可发生变化的部分称为 V 区（或变化区、可变区），而不变的部分称为 C 区（或恒定区）。在给定的物种中，不同抗体分子的恒定区都具有相同的或几乎相同的氨基酸序列。可变区位于“Y”的两臂末端。在可变区内有一小部分氨基酸残基变化特别强烈，这些氨基酸的残基组成和排列顺序更易发生变异区域称高变区。高变区位于分子表面，最多由 17 个氨基酸残基构成，少则只有2 ~3 个。高变区氨基酸序列决定了该抗体结合抗原的特异性。一个抗体分子上的两个抗原结合部位是相同的，位于两臂末端称抗原结合片段（Fragment antigen - binding，Fab）。“Y”的柄部称结晶片段（Fragment Crystalline，FC），糖结合在 FC 上。

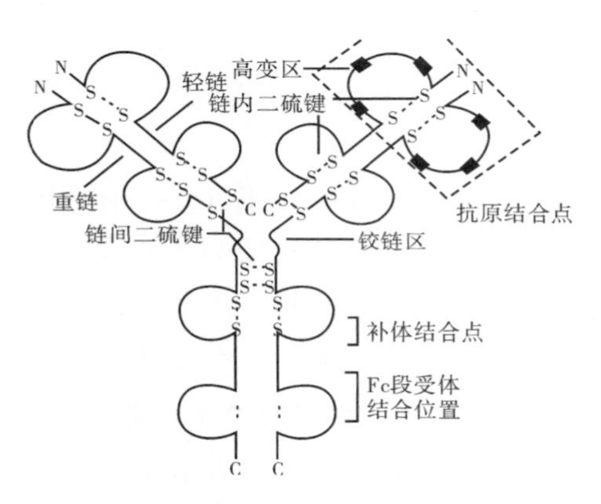

图 5 - 2　抗体分子结构示意图

抗体能识别特定外来物的一个独特特征，该外来目标被称为抗原。抗原，是指能够刺激机体产生（特异性）免疫应答，并能与免疫应答产物抗体和致敏淋巴细胞在体内外结合，发生免疫效应（特异性反应）的物质。抗体的 Fab 是仅针对一种特定的抗原表位。这就像一把钥匙只能开一把锁一样，使得一种抗体仅能和其中一种抗原相结合。抗体和抗原的结合完全依靠非共价键的相互作用，这些非共价键的相互作用包括氢键、范德华力、电荷作用和疏水作用。这些相互作用可以发生在侧链或者多肽主干之间。正因这种特异性的结合机制，抗体可以“标记”外来微生物以及受感染的细胞，以诱导其他免疫机制对其进行攻击，或直接中和其目标。

在蛋白质 Y 形分叉的两个顶端有一小部分是可以发生非常丰富的变化的。这一高变区上的细微变化可达百万种以上，该位置就是抗原结合位。每一种特定的变化，可以使该抗体和某一个特定的抗原结合。这种极丰富的变化能力，使得免疫系统可以应对同样非常多变的各种抗体。之所以能产生如此丰富多样的抗体，是因为在编码抗体基因中，编码抗原结合位（即互补位）的部分可以随机组合及突变。此外，在免疫种型转换的过程中，可以修改重链的类型，从而制造出对相同抗原专一性的不同种型的抗体，使得同种抗体可以用于不同的免疫系统过程中。

抗体的轻链大约由214个氨基酸残基组成，通常不含碳水化合物，分子量约为24kD，每条轻链含有2个由链内二硫键内所组成的环肽。L链共有2种类型：kappa（κ）与lambda（λ），同一个天然Ig分子上L链的类型总是相同的。正常人血清中的κ：λ约为2：1。重链大小约为轻链的2倍，含450～550个氨基酸残基，分子量约为55kD或75kD，每条H链含有4～5个链内二硫键所组成的环肽。不同的H链由于氨基酸组成的排列顺序、二硫键的数目和位置、包含的种类和数量不同，其抗原性也不相同。根据H链抗原性的差异可将其分为5类：μ链、γ链、α链、δ链和ε链，不同H链与L链（κ链或λ链）组成完整Ig的分子分别称之为IgM、IgG、IgA、IgD和IgE。γ链、α链和δ链上含有4个环肽，μ链和ε链含有5个环肽。

每一条重链有2个区域：恒定区与可变区。同种型的抗体，其恒定区都是一样的，但不同种型之间该区域是不相同的。例如：γ、α以及δ型重链由3个免疫球蛋白结构域串联而成，并且还有一个用于增加弹性的铰链区；而μ及ε型重链则包括4个免疫球蛋白结构域。不同B细胞所生产抗体的重链可变区是不同的，但是同一个B细胞及其克隆体所产生的不同种型抗体的可变区则是完全相同的。重链的可变区由一个结构域组成，包含约110个氨基酸。

H链和L链上都有可变区，同类重链和同型轻链的近N端约110个氨基酸序列的变化很大，其他部分的氨基酸序列相对恒定，据此可将轻链和重链区分为可变区（V）和恒定区（C）。VH和VL。各有3个区域的氨基酸组成和排列顺序高度变化，称为高变区（HVR）或互补决定区（CDR），分别为CDRl、CDR2和CDR3。CDR以外区域的氨基酸组成和排列顺序相对不易变化，称为骨架区（FR）。VH和VL，各有113个和107个氨基酸残基，组成4个FR（分别为FRl、FR2、FR3和FR4）和3个CDRs。VH和VL中的各种氨基酸可编号，一些保守的氨基酸都有其固定的编号位置，将不同序列和已编号的序列进行对比以后，在某个位置上多出来的氨基酸编号为A、B、C等，如27A、27B、27C、106A，等等。VH和VL的3个CDR共同组成Ig的抗原结合部位，识别及结合抗原，并决定抗体识别的特异性。

（二）抗体的种型

抗体可以根据其重链恒定区的不同而分为不同的种型，不同的种型在免疫系统中有不同的作用。对于胎生哺乳类动物，存在5种种型，分别是IgA、IgD、IgE、IgG以及IgM，其中前面的“Ig”代表免疫球蛋白（Immuno globulin），即对抗体的另一种称法。这几种种型在生物中的属性、发挥功能的位置以及所能处理的抗原类型均有所不同。

IgA 存在于黏膜组织，例如消化道、呼吸道以及泌尿生殖系统，以避免遭到病原的入侵，也存在于唾液、泪液以及乳汁当中，尤其是初乳，其 IgA 的含量相当高。IgD 主要出现在尚未遇到过抗原的 B 细胞上的抗原感受器，用于刺激嗜碱性粒细胞及肥大细胞生产抗菌因子。IgE 与致敏原相结合，刺激肥大细胞和嗜碱性粒细胞释放组胺。该种型与过敏反应有关，同时也保护机体免受寄生虫的威胁。IgG 抵抗病原入侵的抗体相关免疫力，主要由该种型下的四种类型所提供，也是唯一一种可以穿过胎盘为胎儿提供被动免疫力的种型。IgM 与 B 细胞表面结合的是单体形式，在分泌形态中则是由五个 Y 型单体排列而成的五聚体形式，具有极高的亲和力。又因其分子量极大，因此在抗原凝集反应中非常有效。在 B 细胞介导（体液）免疫的早期阶段 IgG 尚不充足，此时则主要由 IgM 来发挥清除病原的作用，同时为初次遭遇外来抗原后，最早回应出现的循环性抗体，但 IgM 在血液中的浓度会因清除作用迅速下降。因此，IgM 通常可当作感染的指标。

（三）抗体的功能

活化的 B 细胞可分化成两种不同用途的细胞：生产可溶性抗体的浆细胞，以及用于记忆已接触过的抗原的记忆 B 细胞。后者可在体内存活多年，并使得下次再接触到同样抗原时，能够更迅速的做出反应。

Ig 是体液免疫应答中发挥免疫功能最主要的免疫分子，免疫球蛋白所具有的功能是由其分子中不同功能区的特点所决定的。

抗体从下列三个方面为免疫力做出贡献：通过与病原体结合来避免入侵和破坏自身的细胞，通过刺激巨噬细胞等免疫细胞来包裹并清除病原体，以及通过刺激其他免疫应答过程如补体路径，来消灭病原体。

1. 补体的活化

当补体与细菌结合形成补体级联时，也是一种能和抗体结合的抗原。当抗体的 Fv 区与之结合时，会激活典型的补体系统。这将会通过两种途径消灭该细菌：第一种途径是通过抗体与补体的结合在微生物上做标记，使得噬菌细胞受到补体级联所产生的特定的补体的吸引，并通过一个叫作噬菌作用的过程吞噬细菌。第二种途径是通过形成一种叫作补体膜攻击复合物的补体抗体复合物来直接杀死细菌。

2. 效应细胞的活化

为了阻止病原体在细胞外进行复制，抗体通过与之结合而将其聚集在一起，即凝集。由于抗体至少拥有两个互不结合位，因此理论上它可以与不止一个相同类型的抗原相结合。通过对病原体的覆盖，抗体可以激活能识别该抗体Fc区的细胞的效应作用。拥有可以识别覆盖病原体的抗体Fc区的细胞，可以和IgA、IgG以及IgE型抗体的Fc区发生互动。在某一特定细胞上的Fc区感受器遇到特定的抗体后，会引发该细胞的效应作用，例如：吞噬细胞会进行吞噬，肥大细胞和中性粒细胞会脱颗粒，而自然杀伤细胞会释放细胞因子和细胞毒素等化学物质，这些作用最终会导致入侵微生物的解体。Fc区感受器是种型敏感的，因此可使得免疫系统具备更高的灵活性，当不同的病原体入侵时可以仅仅触发正确的免疫机制。

（1）凝集与沉淀反应。

抗体上的抗原结合位可与抗原结合而将其聚集在一起，即凝集反应。由于抗体至少拥有两个抗原结合位，因此理论上它可以与不止一个相同类型的抗原相结合，使其抗原—抗体复合体更容易被吞噬细胞吞噬。若为可溶性抗原，则抗体能以形成抗原—抗体复合体的方式大大增加其分子量，使其溶解度降低而沉降于血管壁上，最后被吞噬细胞清除。

（2）中和抗体。

人类及高级灵长类动物还可以在病毒入侵之前，在血液中释放中和抗体。中和抗体是指那些在任何感染、接种疫苗、接触任何外来抗原或者接受被动免疫之前，即已被制造和释放出来的抗体。这类抗体可以在适应性免疫响应被启动之前，激活经典的补体路径，来消解有包膜的病毒颗粒。许多中和抗体的目标抗体是双半乳糖α（1，3）-半乳糖（α-Gal），后者通常出现在糖基化的细胞膜蛋白的糖基终端上，也是人类消化道中细菌的代谢产物。通常认为异种器官移植所引起的排斥，部分是由接受移植者血清中流动的中和抗体和移植器官上的α-Gal抗原结合造成的。

二、抗体的分类

人类Ig，根据其重链稳定区的分子结构和抗原性的不同，可分为五类。即IgG、IgA、IgM、IgD及IgE。抗体存在于血清、黏膜分泌液及其他体液中，由遗传基因决定所产生的抗体称为天然抗体（Natural Antibody），而由抗原激发免疫细胞产生的抗体称为免疫抗体（Immune Antibody）或称特异性抗体。特异性抗体是免疫应答中的重要产物，对于抗原的分析鉴定和定量检测极为重要，在各种免疫学诊断中应用极为广泛。

目前人工制备的特异性抗体分为四种类型，即多克隆抗体、单克隆抗体、基因工程抗体和纳米抗体。

（一）多克隆抗体

抗原上那部分可以引起机体产生抗体的分子结构，叫作抗原决定簇。一个抗原上可以有好几个不同的抗原决定簇，因而使机体产生好几种不同的抗体，最终产生出抗体是浆细胞。只针对一个抗原决定簇起作用的浆细胞群就是一个纯系，纯系的英文为 Clone，音译就是“克隆”。由一种克隆产生的特异性抗体叫作单克隆抗体。一方面，单克隆抗体能目标明确地与单一的特异抗原决定簇结合，就像导弹精确地命中目标一样。另一方面，即使是同一个抗原决定簇，在机体内也可以由好几种克隆来产生抗体，形成好几种单克隆抗体混杂物，称为“多克隆抗体”。

（二）单克隆抗体

动物脾脏有上百万种不同的 B 淋巴细胞系，具有不同的基因不同的 B 淋巴细胞合成不同的抗体。当机体受抗原刺激时，抗原分子上的许多决定簇分别激活各个具有不同基因的 B 细胞。被激活的 B 细胞分裂增殖形成效应 B 细胞（浆细胞）和记忆 B 细胞，大量的浆细胞克隆合成和分泌大量的抗体分子分布到血液、体液中。如果能选出一个制造一种专一抗体的浆细胞进行培养，就可得到由单细胞经分裂增殖而形成的细胞群，即单克隆。单克隆细胞将合成针对一种抗原决定簇的抗体，称为“单克隆抗体”。

1975 年，Kohler 和 Mlstein 建立了体外细胞杂交融合的杂交瘤细胞，产生了仅针对某一特定抗原决定簇、纯度很高的单克隆抗体。由于单克隆抗体的高度特异性，使其在细胞生物学、基础医学、临床诊断及其他领域得到广泛应用。Kohler 和 Mlstein 也因此在 1984 年获得了诺贝尔医学和生理学奖。

（三）基因工程抗体

1984 年首次报道人—鼠嵌合抗体在骨髓瘤成功表达，这标志着基因工程抗体的诞生。随后，1986 年，Jones 等用寡核苷酸构建出小鼠抗半抗原—4 - 羟基 - 3 - 硝基苯乙酰基己酸（NP）的免疫球蛋白 VH 基因，其中编码 VH 互补决定区（CDR）的序列来自小鼠的单抗，编码构架区（FR）的序列来自与小鼠抗 NP 单抗的 FR 同源程度较高的人骨髓瘤蛋白，通过人抗 NP 重链可变区基因（hVHNP）与含有人重链恒定区序列的表达载体连接，并转染到只分泌抗 NP 轻链的小鼠杂交瘤细胞 J558L 中，结果获得可特异结合 NP 的人源化嵌合抗体，即人源化抗体构建和表达成功。1988 年 Skerra 等第一次证明抗体的 Fab 和 Fv 片段可以在大肠杆菌中正确地装配成保持原抗体特异性的小分子抗体。1989 年，用外分泌型载体构建成功小鼠抗体库；同年，发现单个互补性决定区（CDR）能模拟抗体特异性地与抗原结合的活性，而称之为分子识别单位（Molecular Recognition Unit，MRU）。接着，1991 年报道了用附着型载体构建成功抗体库，利用抗体库技术获得了全人源化的抗体。短短几年，这一领域以迅猛的速度发展，目前已变成抗体应用的所有前沿研究的核心。

基因工程抗体的出现是由于单克隆抗体存在一些缺陷，如完整抗体分子大，大部分抗体是鼠源性抗体，应用于人体会产生抗鼠抗体反应（HAMA）等，因而妨碍了其在临床上的应用。为了克服大分子单克隆抗体的缺点，人们利用基因工程技术制备了人鼠杂交和完全人源化的抗体，减少抗体中的鼠源成分，尽量保留原有抗体的特异性，此技术主要是将免疫球蛋白基因结构与功能同 DNA 重组技术有机结合起来，在基因的水平上将免疫球蛋白分子进行重组后导入转染细胞后表达，这类抗体被称为“第三代抗体”。基因工程抗体是继多克隆抗体和单克隆抗体之后的第三代抗体，主要包括两部分：一是对已有的单克隆抗体进行改造，包括单克隆抗体的人源化（嵌合抗体、CDR 植入抗体）、小分子抗体（Fab，ScFv，dsFv，Diabody，Minibody 等）以及抗体融合蛋白的制备；二是通过抗体库的构建，使得抗体不需抗原免疫即可筛选并克隆新的单克隆抗体。

1. 人源化抗体

（1）嵌合抗体。

嵌合抗体（Chimeric Antibody）是最早制备成功的基因工程抗体。有 60% ~70% 的人源区域，是目前研究较多且较为成熟的基因工程抗体，它是由鼠源性抗体的 V 区基因与人抗体的 C 区基因拼接为嵌合基因，然后插入载体，转染骨髓瘤组织表达的抗体分子。其中可变区具有结合抗原的功能，而恒定区则具有抗体效应功能、免疫原性和种属特异性。嵌合抗体的 Fc 段可补充细胞毒效应分子功能，这种技术保留了完整的鼠单抗可变区序列，其亲和力和特异性都得到了保证，但也保留了鼠可变区的异源性，仍可能诱导产生 HAMA。

（2）CDR 植入抗体。

CDR 植入抗体（CDR Grafting Antibody），是 20 世纪 90 年代发展起来的一项新技术，是在嵌合抗体的基础上，利用基因工程技术用人的 FR 替代鼠的 FR 形成更为完全的人缘化抗体，即除了 3 个 CDR 是鼠源外，其余全部是人缘结构，属第二代人缘化抗体。

抗体可变区的 CDR 是抗体识别和结合抗原的区域，直接决定抗体的特异性。将鼠源单抗的 CDR 移植至人源抗体可变区，替代人源抗体 CDR，使人源抗体获得鼠源单抗的抗原结合特异性，同时减少其异源性。

但单纯 CDR 移植难以保证亲本鼠单抗的亲和力和特异性得到再现，因为具有支持作用的 FR 不仅为 CDR 的构想提供了环境，有时还参与抗体位点正确构象的形成，甚至参与抗原的结合。因此，该技术需要考虑两方面的问题：即选择合适的人类受体模板和识别插入人源抗体的鼠源模板上的关键残基。最常用的方法是选择与鼠源抗体有高同源性的人源抗体。另有研究人员在此基础上还进行了表面氨基酸残基人源化和表位印模选择工作，以降低其免疫原性。CDR 移植抗体是人源化中最常用的策略。

（3）小分子抗体。

小分子抗体因其分子量小、穿透性强、抗原性低，可在原核系统表达以及易于进行基因工程操作等优点而受到人们重视。小分子抗体种类较多，且不断有不同形式的小分子抗体出现，但目前研究较多或实用前景较明确的有以下几种：Fab 段、Fv 段、单链抗体（ScFv）、二硫键固定的 Fv 段、Diabody、Minibody 等。Fab 段是异二聚体，较适合分泌型表达，不适合通过包含体大量表达；ScFv 是研究最多的小分子抗体，其优越性在于可通过包含体大量表达、易于基因工程操作，尤其易于构建抗体融合蛋白。近来在 ScFv 的基础上发展了几种性能较好的小分子抗体：DsFv 是在轻链可变区和重链可变区适当部位各引入一个半胱氨酸，形成以二硫键固定的 Fv 段，经证实其结合能力及稳定性均优于 ScFv，用 DsFv 构建的免疫毒素已进入临床试用前期。Diabody 将 ScFv 中两个可变区之间的接头缩短，迫使两个分子间 VH 和 VL 配对形成双价小分子抗体，其结合性能优于单价分子，如将两种不同特异性的可变区基因交叉配对，则可得到双特异性 Diabody。与化学交联法和三体、四体杂交瘤方法制备双特异性抗体相比具备制备简便、稳定、高效、分子量小等优点，有较为广泛的应用前景。除此以外，人们还设计了多种方案构建双价或双特异性小分子抗体，其基本思路是在 ScFv 的一端加上一个双聚化结构，其中效果较好并已进行了体内应用研究的有 Minibody，这是将 Ig 分子中的 CH3 拼接在 ScFv 的羧基端，通过 CH3 形成双价分子，有人在荷瘤小鼠比较完整 Ig、F（ab'）2、ScFv、Diabody 及 Minibody 的免疫显像效果和治疗效果，结果发现 Minibody 和 Diabody 的显像效果最好，而在治疗效果中以完整 Ig 和 Minibody 为佳。

① Fab 片段。

将重链 Fd 基因与完整的轻链基因 5' - 端接上细菌的信号序列，所表达的蛋白在细菌信号肽的引导下可分泌到周质腔，信号肽被信号肽酶所裂解，生成的 Fd 段和轻链在周质腔中完成立体折叠和链内、链间二硫键，形成异二聚体，成为有功能的 Fab。这种小分子抗体具有抗体的活性，其大小为完整的 IgG 的 1/3。另外，因其不含有 Fc 段、分子量小、免疫原性低，穿透力强，可与多种药物及放射性同位素偶联，多用作导向药物的载体和显影。但其主要在原核细胞内表达，折叠性有待解决；且仅有 1 个抗原结合位点，与抗原的亲和力低，故在肿瘤治疗上有其优越性。

② 单链抗体。

单链抗体（single chainantibody Fv，scFv）是抗体分子中保留抗原结合部位的最小功能片段，分子量约为完整抗体分子的 1/6，是用基因工程方法将抗体重链和轻链可变区通过一段连接肽连接而成的重组蛋白，在大肠杆菌中表达成一单链多肽，并在细菌体内折叠成只由重链和轻链可变区构成的一种新型的抗体。

③ 二硫键稳定抗体。

二硫键稳定抗体（disulfide stablized Fv，dsFv）是在单链抗体的基础上发展起来的一类新型基因工程抗体，它是将抗体重链可变区（VH）和抗体轻链可变区（VL）的各一个氨基酸残基突变为半胱氨酸，通过链间二硫键连接 VH 和 VL 可变区的抗体。免疫球蛋白的 Fv 片段是由重链的可变区（VH）和轻链的可变区（VL）组成的异二聚体，Fv 是针对特异性抗原具有高亲和力的最小功能分子。由于 Fv 片段不是靠二硫链连接的，所以，Fv 很不稳定，如果没有修饰的话，VH 和 VL 容易解离或发生特异性沉淀。二硫键稳定性 Fv 抗体（ds-Fv），就是在 VH 和 VL 间通过形成二硫键来稳定 Fv 片段，dsFv 极大地提高了 Fv 片段的稳定性和亲和力，不仅继承了 scFv 的优点，也弥补了其缺点，从而极大地提高了 dsFv 和 dsFv—免疫毒素在临床上的应用价值。

（四）纳米抗体

基因工程抗体的一个主要的研究方向是抗体小型化，但其在稳定性、表达产量和聚合性等方面仍需改善。由重链可变区（VH）组成的抗原结合片段，称为单域抗体（Single Domain Antibody）。然而，其抗原结合能力低，容易聚合。Hamers－Casterman C 等报道了在骆驼科动物（单峰驼、双峰驼、美洲驼等）体内存在一种只含重链不含轻链的天然重链抗体（Heavy Chain Antibody，HCAb）。之后，在一些软骨鱼体内也发现了与骆驼重链抗体结构相似的新抗原受体（New Antigen Receptor，NAR）。克隆了骆驼体内重链抗体的可变区后，得到的仅由一个重链可变区组成的单域抗体，称之为重链可变区基因抗体（Variable Domain Of Heavy Chain Of Heavy Chain Antibody，VHH），其直径为 2.5 nm，长 4 nm，因此又称为“纳米抗体”。作为一种小型的基因工程抗体，纳米抗体具备的高表达性、水溶性、稳定性、强组织穿透性及较弱的免疫原性等优点，使得该抗体在基础研究及药物开发等领域拥有广阔的前景。

纳米抗体比正常抗体用途广，其耐性和稳定性也非常好。在恶劣条件下，正常抗体会失效或分解，而纳米抗体仍然可以使用。纳米抗体比常规抗体更容易储藏和运输，有些纳米抗体可以通过消化道继续存活。人们期望，未来的纳米抗体药丸可以治疗胃肠紊乱性疾病，比如肠炎和结肠癌。纳米抗体为我们打开了大型抗体无法到达的很多靶目标。由于个头小，它们能蒙混进入酶的活性部位，进入细菌或病毒表面受体的裂缝中，再或进入致密肿瘤的中心。它们甚至可以有效地穿过血脑屏障，这样的特性使得纳米抗体有望成为治疗老年痴呆症的新药。纳米抗体还可以用于癌症治疗，与那些损害细胞的“效应分子”比如毒素、酶、病毒和放射形物质相结合。

由于仅有重链，纳米抗体的制造较 mAb 容易。纳米抗体的独特性质，如处于极端温度和 pH 值环境中的稳定性，可以低成本制造大产量。因此，纳米抗体在疾病的治疗和诊断中具有很高的价值，在肿瘤的抗体靶向诊断和治疗中也具有很大的发展前景。

三、抗体的制备与纯化技术

（一）抗体的制备

将抗原导入敏感动物体内后，可刺激网状内皮细胞系统，尤其是淋巴结和脾脏中的淋巴细胞大量增殖。实验动物对初次免疫和二次免疫的应答有明显的不同。通常初次免疫应答往往比较弱，尤其是针对易代谢、可溶性的抗原。首次注射后大约 7 天，在血清中可以观察到抗体，但抗体的浓度维持在一个较低的水平，10 天左右抗体的滴度会达到最大值。但同种抗原注射而产生的二次免疫应答的结果明显不同，和初次免疫应答相比，抗体的合成速度明显增加并且保留时间也长。

免疫应答的动力学结果取决于抗原和免疫动物的种类，但初次免疫应答和二次免疫应答之间的关系是免疫应答的一个重要特点。三次或以后的抗原注射所产生的应答和二次应答结果相似：抗体的滴度明显增加并且血清中抗体的种类和性质发生了改变，这种改变被称为免疫应答的成熟，具有重要的实际意义。通常在抗原注射 4 ~6 周后会产生具有高亲和力的抗体。

1. 多克隆抗体的制备

当将抗原注射入实验动物体内时，一系列抗体生成细胞会不同程度地与抗原结合，受抗原刺激后在血液中产生不同类型的抗体，这种由一种抗原刺激产生的抗体称为“多克隆抗体”。多克隆抗体中不同的抗体分子可以以不同的亲和能力与抗原分子表面不同的部分——抗原决定簇相结合。

制备多克隆抗体的主要步骤分为五步：① 免疫原的制备；② 免疫动物；③ 抗血清的采集；④ 抗血清的纯化；⑤ 抗血清的鉴定。

（1） 免疫原的制备。

免疫原（immunogen）是能诱导机体产生抗体并能与抗原发生反应的物质。

半抗原物质多数为低分子量的化学物质，例如多糖、多肽、甾体激素、脂肪胺、类脂质、核酸、某些药物（包括抗生素）以及其他化学物品，等等。半抗原是本身无免疫原性，只具有反应原性的物质。所以，半抗原不能直接用作免疫原，只有把这些半抗原和大分子物质结合后，才具有免疫原性，刺激机体产生抗体或致敏淋巴细胞。这种经过人工修饰的半抗原称之为“人工抗原”，用于偶联半抗原的大分子物质称为“载体”。

常用的载体一般有蛋白质类、多肽聚合物和大分子聚合物。选择载体时一般带正电荷的碱性蛋白比较好，大分子聚合物必须在体内酶解才能发生诱导反应，故不能分解的聚合物不能做载体；半抗原与载体蛋白一般认为 10：1～20：1为宜，半抗原接在载体上引起蛋白质结构发生明显变化时才能诱发半抗原抗体，小分子与蛋白质之间以“桥”（Space Bridge）的形式连接。一般认为 4 个碳（C）的“桥”是最适合的 C 链。

半抗原与载体偶联选择方法时要综合考虑半抗原的溶解性和稳定性、结合键的位置以及适合的偶联试剂等因素。半抗原与载体的偶联通常可用化学和物理的方法进行，化学法是利用某些功能基团把半抗原连接到载体上，物理吸附则是借助电荷和微孔吸附半抗原。一般有游离氨基或游离羧基以及两种基团都有的半抗原与载体采用碳化二亚胺法、戊二醛法、混合酸酐法和过碘酸氧化法；带有氨基和羧基的半抗原则可通过琥珀酸酐法、羧甲基羟胺法、一氯醋酸钠法及重氮化的对氨基苯甲酸法改造后再采用上述方法连接。

半抗原与载体偶联后，必须对其鉴定才能免疫动物，半抗原连接到载体蛋白上的分子数可影响动物产生抗体的能力。结合半抗原的多少，依半抗原的性质和动物的品种而异。一般认为，如以白蛋白为载体，每个白蛋白分子上连接 5～30 个半抗原分子较好。从有利于激发对半抗原亲和力强的抗体产生细胞，连接到蛋白质上的半抗原数少一些可能更好。但也有人认为，在免疫后期某些细胞逐渐对半抗原显示足够高的亲和力，以至能用半抗原—异源载体（即与初始免疫时所用的载体不同）结合物进行触发，此时免疫应答的大小可能部分与半抗原的取代数目有关。当然为了获得特异性好的抗体，不能毫无选择地在半抗原分子上添加可以与载体连接的基团，也不是半抗原分子上的任何功能基团都可以与蛋白质连接。根据目前文献的报道，抗体的特异性主要针对具蛋白质连接点最远端的半抗原部分。因此，可以将对免疫识别来说不是特别重要的半抗原部分连接到蛋白质上。这就是所谓的连接半抗原的“远距离原则”。

（2）免疫动物。

免疫的动物有多种选择。抗体需要量少时，可选用家兔、豚鼠和鸡等小动物；抗体需要量大时，可选用绵羊、山羊、马、驴等大动物。实验室制备多抗一般选用家兔作为免疫动物。在选定动物后，在免疫过程中应考虑免疫剂量、免疫途径、免疫次数、免疫间隔等因素。首次免疫时，剂量不宜过大，以免产生免疫麻痹。通常采用皮内、皮下、肌肉、静脉、腹腔、淋巴结等，视不同的免疫方案而异。对于不易获取的宝贵抗原可采用淋巴结免疫法。免疫间隔时间是影响抗体产生的重要因素，其中首次与第二次免疫的间隔时间尤为重要，一般以 10 ~ 20 天为佳，二次免疫后间隔时间一般为 7 ~ 10 天，若间隔时间太长，则刺激减弱，抗体效价不高。

免疫前应采取血清作为阴性对照，第一次免疫将适量抗原溶于适量生理盐水再加入等体积弗氏完全佐剂，于注射器中充分乳化后背部多点皮下注射，后续免疫将适量抗原溶于生理盐水再加入等体积的弗氏不完全佐剂充分乳化后多点皮下注射。一般第三次免疫后间隔 5 ~ 7 天后从耳静脉采血 1 ml 左右，分离血清，采用酶联免疫吸附试验法（Enzyme - Linked Immuno - Sorbent Assay，ELISA）检测抗体效价。抗体效价至少应达到 1：16 万以上时才能放血。若抗体效价未达到要求可再次免疫，在达到抗体效价后应立即放血，以免抗体效价降低。

（3）抗血清的采集。

家兔采血可以采用耳缘静脉取血。当最后需要大量采血时可采用心脏采血和颈动脉放血法。颈动脉放血一般可以放血 80 ~ 100 ml。

采血后置 4℃冰箱中 3 ~ 4 小时，于 4 ℃，3000 rpm 离心 15min。分装后置 -20℃冰箱保存。

（4）抗血清的鉴定。

抗血清收集后还要进行特异性鉴定、纯度鉴定和亲和力鉴定。特异性鉴定可采用抗体特异性鉴定，常用双向免疫扩散法、免疫电泳法；纯度鉴定可采用 SDS—聚丙酰胺凝胶电泳（SDS - PAGE）、双向扩散试验、免疫电泳等方法；亲和力鉴定可采用平衡透析法、ELISA 或 RIA 竞争结合试验等方法。

2. 单克隆抗体的制备

单克隆抗体的制备主要分为 7 个步骤：① 抗原的制备；② 小鼠免疫；③ 细胞的融合；④ 细胞建株；⑤ 细胞株的确立；⑥ 腹水的制备；⑦ 抗体的纯化及鉴定。

（1）抗原的制备。

单抗免疫原的制备同多抗。制备单克隆抗体的免疫抗原，从纯度上说虽然要求不是很高，但高纯度的抗原使得到所需单抗的机会增加，同时可以减轻筛选的工作量。因此，免疫抗原是越纯越好，应根据所研究的抗原和实验室的条件来决定。

（2）小鼠免疫。

单抗的免疫动物一般是 Balb/C 小鼠，因为大多数骨髓瘤细胞（SP2/0，X63，Ag8.653，FO 和 NSO）都来自于 Balb/C 小鼠，为了使杂交瘤细胞稳定，所以实验小鼠基本上都采用 Balb/C 小鼠。一般选择 8 周龄雌性小鼠为宜。

免疫是单抗制备过程中的重要环节之一，其目的在于使 B 淋巴细胞在特异抗原刺激下分化、增殖，以利于细胞融合形成杂交细胞，并增加获得分泌特异性抗体的杂交瘤的机会。因此，在设计免疫程序时，应考虑到抗原的性质和纯度、抗原量、免疫途径、免疫次数与间隔时间、佐剂的应用及动物对该抗原的应答能力，等等。免疫途径常用体内免疫法包括皮下注射、腹腔或静脉注射，也采用足垫、皮内、滴鼻或点眼。

下表列出一种常用的免疫方案。

免疫时间	免疫次数	免疫剂量（μg）	佐剂	免疫部位
0 天	第一次免疫	100	等体积完全佐剂	腹腔及皮下
15 天	第二次免疫	100	等体积不完全佐剂	腹腔及皮下
29 天	第三次免疫	100	等体积不完全佐剂	腹腔及皮下
融合前三天	冲击免疫	50	无	腹腔

（3）细胞的融合。

制备饲养细胞。在体外培养条件下，细胞的生长依赖适当的细胞密度，因而，在培养融合细胞时，需加入饲养细胞，常用的饲养细胞为小鼠的腹腔细胞。

将 1 只昆明鼠眼眶取血后拉颈处死，70% 酒精浸泡 3 min 后固定于无菌泡沫板上移入超净工作台，用消毒剪镊掀起腹部皮肤，剪开一个小孔，暴露腹膜。用 1 mL 移液器吸入 1 mL 不完全培养基至腹腔，注意避免穿入肠管。左手持酒精棉球轻轻按摩腹部片刻，随后吸出注入的培养液，反复操作几次。对上述含有饲养细胞的培养液进行细胞计数，根据细胞浓度补加不完全培养基至浓度为 2×10^5 个/mL。将上述细胞悬液加入 96 块孔板，每孔 0.1 mL（相当于 2 滴），制备 6 块板，然后置 37 ℃、5% CO_2 培养箱中培养。

骨髓瘤细胞悬液的准备。融合前骨髓瘤细胞维持的方式，对成功地得到杂交瘤细胞是最为重要的。目的是使细胞处于对数生长的时间尽可能长，融合前肯定不能少于 1 周。实验室一般将处于对数生长的骨髓瘤细胞维持在含 10% 胎牛血清的培养基中，于融合前的 8～24 h，将骨髓瘤细胞扩大培养，融合当天，用弯头滴管将细胞从瓶壁瘤轻轻吹下，收集于 50 ml 离心管或融合管内。

1000r/min 离心 5 ~ 10 min，弃去上清。加入 30 ml 不完全培养基，同法离心洗涤 1 次。然后将细胞重悬浮于 10 ml 不完全培养基，混匀。取适量骨髓瘤细胞悬液，加 0.4% 台酚蓝染液作活细胞计数后备用。

脾细胞的准备。选择抗体效价最高的小鼠，摘除眼球采血，并分离血清作为抗体检测时的阳性对照血清。脱颈位致死小鼠，浸泡于 70% 酒精中 5 min，于无菌泡沫板上固定后移入超净工作台，掀开左侧腹部皮肤，用无菌手术剪剪开腹膜，取出脾脏置于已盛有 10 mL 不完全培养基的平皿中，轻轻洗涤，并细心剥去周围结缔组织。将脾脏移入另一盛有 10 mL 不完全培养基的平皿中，用 1 mL 注射器吸上培养基冲洗脾脏，使免疫脾细胞进入平皿中的不完全培养基，反复操作数次。为了除去脾细胞悬液中的大团块，可用 200 目晒网过滤。收获脾细胞悬液于 50 mL 离心管，加入不完全培养基至 30 ml，1000r/min 离心 5 min，用不完全培养基离心洗涤 1 ~ 2 次，然后将细胞重悬于 10 ml 不完全培养基混匀。取上述悬液，加台酚蓝染液作活细胞计数后备用。

将上述制得的免疫脾细胞和骨髓瘤细胞悬液混合在 1 只 50 mL 离心管中，充分混匀，1000 rpm 离心 6 min，弃上清。将此离心管在桌面上敲打几下，打散细胞，离心管置于 37 ℃水浴中并在 1min 内缓慢加入 1 mL PEG4000（边滴加边转动离心管）。静置 2 min，然后在 3 min 内缓慢、顺着管壁加入 25 ml 不完全培养基终止 PEG 的作用。静置 5 min，再 1000 rpm 离心 6 min。去上清，加入 25 ml HAT 选择培养基，吹散细胞，用一次性灭菌滴管将细胞悬液加入到铺有饲养细胞的 96 块孔培养板中，在 37 ℃、5% CO_2 培养箱中培养。

（4）细胞建株。

待融合板换液细胞长至中等大小约 1 万个细胞以上开始检测。实验室一般采用 ELISA 法检测，一般认为 OD 值是阴性对照的 2.1 倍以上为阳性。挑选阳性孔作亚克隆，即挑出融合板阳性孔全部细胞加入 8 ~ 10 ml HT 培养基，混匀铺板 4 ~ 6 纵行；待亚克隆生长 5 ~ 7 天，克隆长大（约 1 万个细胞以上/孔），可再用 ELISA 法检测。挑取亚克隆检测阳性值高的孔计数作有限稀释10：5：1 个细胞、3 个梯度铺板、1 个阳性细胞株/块。待单克隆生长 7 ~ 10 天，单克隆细胞长至中等大小（1 万个细胞/孔）时进行检测，其中单克隆细胞≥8 个/株（一般检测 12 个孔），待检测单克隆全阳后再进行一次同样的单克隆。

（5）细胞株的确立。

待 2 次单克隆检测全阳后挑出 3 孔/株，作扩大培养于 24 块孔板；24 块孔板细胞长满后作交叉 Ag 鉴定和稳定性鉴定（即再次测其培养上清看是否还能分泌单抗），鉴定合格后选择其中1株长势好、OD450值高的扩大培养于细胞瓶，并进行冻存。

（6）腹水的制备。

获得稳定的杂交瘤细胞系后，需要大量生产单抗。我们采用动物体内诱导腹水的方法，将杂交瘤细胞接种于小鼠腹腔内，在小鼠腹腔内生长杂交瘤并产生腹水，因而可得到大量的腹水单抗且抗体浓度很高。在腹水制备1周前腹腔注射不完全佐剂致敏5只Balb/C小鼠，0.5 ml/只，1周后给致敏的小鼠腹腔注射稳定的杂交瘤细胞悬液，0.5 ml/只，注意观察小鼠的腹部变化。接种杂交瘤细胞7~10天后，小鼠有腹水积聚表现，腹部明显膨胀，密切观察小鼠健康状况，待腹水尽可能多而小鼠濒临死亡之前，收集腹水，可反复收集数次，存于4 ℃冰箱保存。

（7）抗体的纯化及鉴定。

收集腹水后在纯化之前，一般均需对腹水进行预处理，目的是为了进一步除去细胞及其残渣、小颗粒物质，以及脂肪滴等。常用的方法有二氧化硅吸附法和过滤离心法，以前者处理效果为佳，而且操作简便。单抗纯化的方法有很多种，应根据具体单抗的特性和实验条件选择适宜的方法，常用的技术有饱和硫酸铵沉淀法、辛酸—硫酸铵法、DEAE离子交换层析柱、凝胶过滤法和亲和层析法5种。

单抗特性的鉴定包括杂交瘤细胞的染色体分析、单抗免疫球蛋白重链和轻链类型的鉴定和单抗纯度鉴定，等等。对杂交瘤细胞进行染色体分析可获得其是否真正的杂交瘤细胞的客观指标之一。一般来说，杂交瘤细胞染色体数目较多且较集中，其分泌能力则高；反之，其分泌单抗能力则低。检查杂交瘤细胞染色体的方法最常用秋水仙素法，其原理是应用秋水仙素特异的破坏纺锤丝而获得中期分裂相细胞；再用0.075 mol/L KCl溶液等低渗处理，使细胞膨胀，体积增大，染色体松散；经甲醇—冰醋酸溶液固定，即可观察检查。抗体的种类和亚类对决定提纯的方法有很大的帮助。除采用特殊的免疫方法和检测方法，最经常得到的单抗是IgM和IgG，分泌IgE的杂交瘤细胞很少见，而分泌IgA的杂交瘤通常只有在用于融合的淋巴细胞来自肠道相关淋巴组织才能得到。鉴定单抗Ig类和亚类的方法主要有两种，一种是免疫扩散，另一种是ELISA。聚丙烯酰胺凝胶电泳（PAGE）、SDS-PAGE、等电点聚焦电泳（IEF）及免疫转印分析（WB）等方法都可用于鉴定单抗的纯度。

（二）抗体的纯化

抗体纯化的方法有很多种，应根据具体抗体的特性和实验条件选择适宜的方法，常用的方法有饱和硫酸铵沉淀法、辛酸—硫酸铵法、DEAE 离子交换层析柱、凝胶过滤法和亲和层析法等。下面只介绍实验室常用的饱和硫酸铵法、辛酸—硫酸铵法和亲和层析法。

1. 饱和硫酸铵法

硫酸铵沉淀法可用于从大量粗制剂中浓缩和部分纯化蛋白质。用此方法可以将主要的免疫球从样品中分离，是免疫球蛋白分离的常用方法。高浓度的盐离子在蛋白质溶液中可与蛋白质竞争水分子，从而破坏蛋白质表面的水化膜，降低其溶解度，使之从溶液中沉淀出来。各种蛋白质的溶解度不同，因而可利用不同浓度的盐溶液来沉淀不同的蛋白质，这种方法称之为“盐析”。盐浓度通常用饱和度来表示。硫酸铵因其溶解度大，温度系数小和不易使蛋白质变性而应用最广。

具体操作步骤：将腹水或血清 12000 r/min 离心除去脂质等，再滴加与原样品等体积的饱和硫酸铵，边滴边搅拌，充分混匀后室温静置 1 h 或 4 ℃过夜，10000 r/min 离心 30 min，弃上清液，将沉淀溶于 PBS（起始腹水体积的 1/5）中。再加饱和硫酸铵到 0.5：1（33% 硫酸铵），边滴边搅拌，充分混匀后室温静置 1 h 或 4 ℃过夜，10000 r/min 离心 30 min，弃上清液，将沉淀溶于 PBS。放入预处理过的透析袋中，在 PBS 中透析，每隔 3 ~ 6 h 换透析缓冲液 1 次，以彻底除去硫酸铵。透析液离心，测定上清液中蛋白质含量。

2. 辛酸—硫酸铵法

① 腹水用滤纸过滤去沉淀和脂质，滤液用 2 倍体积 60 mmol/L 醋酸缓冲液（pH 值 4.5）稀释后，用 NaOH 调 pH 值至 4.5；②逐滴加入辛酸（正辛酸的加入量根据不同的物种进行，在血清中：10 ml 羊血清中加入 700 ul；10 ml 兔血清中加入 750 ul；10 ml 鼠血清中加入 400 ul；10 ml 鼠腹水中加 330 ul 的正辛酸），室温下搅拌 30 min 后，以 10000 ~ 12000 r/min 离心 30 min，收集上清液；③上清液经滤纸过滤，将滤液与 10 × PBS（0.1 mol/L，pH 值 7.4）按 10：1 比例混合，调 pH 值至 7.4，置冰浴冷至 4 ℃；④每毫升上述混合液加 0.277 g 固体硫酸铵，在磁力搅拌器上搅拌 6 h 或 4 ℃过夜，4 ℃，10000 ~ 12000 r/min 离心 15 ~ 20 min，将沉淀溶于少量 PBS，透析，测蛋白含量，冻存。

3. 亲和层析法

（1）取适量 Protein A/G Agarose 悬液，装入层析柱，用10倍柱体积的 PBS（或者 TBS，下同）洗涤平衡层析柱。（2）含抗体的血清或其他体液高速离心后，将上清与等体积2×PBS 缓冲液混合，调整 pH 值以及离子浓度后，缓慢加入层析柱。（3）用 10 倍柱体积以上的 PBS 洗涤，至流出液无蛋白检出。（4）加入2倍柱体积0.1 M 柠檬酸（Citrate Acid，pH 值 2.7），夹住流出管，静置5 min 后收集穿出液，重复3次。测定 OD280 估算抗体浓度，如果所得抗体较多可以使用 SDS - PAGE 检测纯度。也可以选择 0.1 M 甘氨酸（Glycine，pH 值 3.0）洗脱。（5）洗脱后的抗体加入 2/5 体积的 1 M Tris，pH 值 8.0 中和。（6）浓缩到所需体积，测定效价后，分装并保存在 -20℃。

抗体纯化完后，还要对其纯度进行检测，检测方法有聚丙烯酰胺凝胶电泳（PAGE）、SDS - PAGE、等电点聚焦电泳（IEF）及免疫转印分析（WB）等方法。

四、抗体与疾病的体外诊断

抗原或抗体的检测技术已广泛应用于医学和生物学领域的研究。在临床医学中，可用于免疫相关疾病的诊断、发病机制的研究、病情监测与疗效评价等，如传染病、自身免疫病、肿瘤、移植排斥反应、超敏反应、免疫缺陷，等等。下面将介绍常见的几种技术的原理、基本步骤及其应用。

根据抗原的性质、出现结果的现象、参与反应的成分不同，可将抗原抗体反应分为凝集反应、沉淀反应、补体参加的反应、采用标记物的抗原抗体反应，等等。

（一）凝集反应

凝集反应是指颗粒性抗原（细菌、细胞等）与相应的抗体，或可溶性抗原（亦可用抗体）吸附于与免疫无关的载体形成致敏颗粒（免疫微球）与相应的抗体（或抗原），在有适量电解质存在下，形成肉眼可见的凝集小块。该类反应可检测到 1μg/ml 水平的抗体。凝集反应又分为直接凝集和间接凝集。

直接凝集是将红细胞或细菌与相应抗体直接反应，出现红细胞凝集或细菌凝集现象。一种方法是玻片凝集试验，用于定性测定抗原，如 ABO 血型鉴定、细菌鉴定。另一种方法是试管凝集试验，在试管中系列稀释待检血清，加入已知颗粒性抗原，用于定量检测抗体，如诊断伤寒病的肥达凝集试验（Widal agglutination test）。

利用试管法凝集试验测定抗体效价：

将待检血清进行倍比稀释后，加入等量抗原进行反应。其中能够凝集抗原的最大血清稀释倍数为血清的抗体效价。

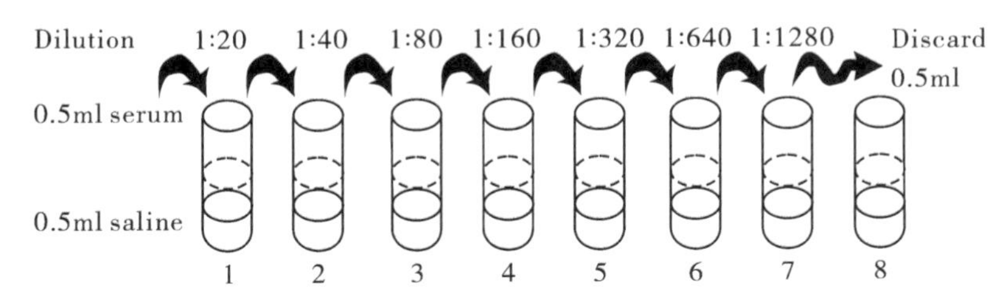

图 5－3　试管法凝集试验测定抗体效价示意图

间接凝集是将可溶性抗原（或抗体）先吸附于适当大小的颗粒性载体的表面，然后与相应抗体（或抗原）作用，在适宜的电解质存在的条件下，出现的特异性凝集现象，也称“被动凝集反应”。间接凝集反应又分为正向间接凝集反应、反向间接凝集反应、间接凝集抑制反应和协同凝集反应。

（二）沉淀反应

血清蛋白质、细胞裂解液或组织浸液等可溶性抗原与相应抗体结合后出现沉淀物，这一类反应称为沉淀反应（Precipitation）。沉淀反应大多用半固体琼脂凝胶为介质进行琼脂扩散或免疫扩散：即可溶性抗原与相应抗体发生特异性结合，在适当条件下而出现的沉淀现象。该类反应可检测到 201 μg/ml ~ 201 mg/ml 水平的抗体或抗原。沉淀反应分为凝胶免疫电泳技术、液体内沉淀试验和凝胶内沉淀试验。

1. 凝胶免疫电泳技术

免疫电泳是先将待检血清标本作琼脂凝胶电泳，血清中的各蛋白组分各自电泳到不同的区带，然后与电泳方向平行挖一小槽，加入相应的抗血清，与已分成区带的蛋白抗原分作双向免疫扩散，在各区带相应位置形成沉淀弧。通过与正常血清形成的沉淀弧数量、位置和形态进行比较，可分析标本中所含抗原成分的性质和含量。该法常用于血清蛋白种类分析以观察 Ig 的异常增多或缺失。免疫电泳技术又有免疫电泳、对流免疫电泳、火箭免疫电泳、免疫固定电泳和交叉免疫电泳。

免疫电泳（Immuno Electro Phoresis，IEP）是将区带电泳与双向免疫扩散相结合的一种免疫化学分析技术。先将待检抗原在琼脂凝胶板内进行电泳，使不同的抗原成分因所带电荷、分子量及构型不同，电泳迁移率各异而彼此分离。然后在与电泳方向平行的琼脂槽内加入相应的抗体进行双向免疫扩散。已分离成区带的各种抗原成分与相应抗体在琼脂中扩散后相遇，在两者比例合适处形成肉眼可见的弧形沉淀线。根据沉淀线的数量、位置和形状，与已知的标准抗原、抗体形成的沉淀线比较，即可对样品中所含成分及其性质进行分析鉴定。

对流免疫电泳（Counter Immuno Electro Phoresis，CIEP）是将双向免疫扩散与电泳相结合的一种技术。在 pH 值 8.6 的琼脂凝胶中，抗体球蛋白只带有微弱的负电荷，而且它分子又较大，所以泳动慢，受电渗作用的影响也大，往往不能抵抗电渗作用，故在电泳时，反而向负极倒退。而一般抗原蛋白质常带较强的负电荷，分子又较小，所以泳动快，虽然由于电渗作用泳动速度减慢，但仍能向正极泳动。如将抗原置阴极，抗体置阳极，电泳时，两种成分相对泳动，一定时间后抗原和抗体将在两孔之间相遇，并在比例适当的地方形成肉眼可见的沉淀线。这样由于电泳的作用，不仅帮助抗体定向移动，还加速了反应的出现，而且也限制了琼脂扩散时，抗原抗体向四周自由扩散的倾向，因而也提高了敏感性。该法比琼脂扩散法的灵敏度要高 10～16 倍，而且反应时间短，可用于各种蛋白的定性和半定量测定。

火箭免疫电泳（Rocket Immuno Electro Phoresis，RIEP）是将单向免疫扩散和电泳相结合的一种定检测技术，实质上是加速度的单向扩散。当待测抗原在含有适量抗体的琼脂板中泳动、抗原与抗体达到适当比例时，形成大的不溶性免疫复合物而沉淀，此沉淀物不再移动，未与抗体结合的抗原可穿过此沉淀，继续向前迁移并形成新的沉淀。随着抗原的减少，沉淀带越来越窄，形成火箭状沉淀，峰形高度与抗原量成正相关。当琼脂中抗体量固定时，以不同浓度的抗原泳动的沉淀峰高度绘制标准曲线。

免疫固定电泳（Immuno Fixation Electro Phoresis，IFEP）是将待检的混合抗原先在载体上进行区带电泳，使不同蛋白质由于所带净电荷不同，不同带电微粒或分子的电泳迁移率也各异而进行分离，然后直接用抗血清作用于被组分的蛋白质，进行抗原抗体反应，使抗原在电泳位置上被免疫固定。免疫固定后的区带为单一免疫复合物沉淀带，与同时电泳而未经过免疫固定的标本比较，可判明该蛋白为何种成分，借以对样品中所含成分及其性质进行分析鉴定。

交叉免疫电泳（Crossed Immuno Electro Phoresis，CIEP）又称双向火箭免疫电泳，由两次连续电泳组成。用琼脂糖作支持物，先将抗原经电泳展开，然后在同一玻板上浇注含抗体的琼脂糖凝胶，在后一个凝胶中进行第二次电泳（与第一次电泳方向垂直）。这种方法实际上是在凝胶电泳后进行免疫电扩散。不同抗原形成互相独立的峰状免疫沉淀，至最适抗原与抗体比值处于停止运动，沉淀峰的高度和面积与抗原量成比例关系。用此法可进行各种抗原的定量测定。

2. 液体内沉淀试验

液体内沉淀试验又分为絮状沉淀试验、环状沉淀试验和免疫浊度测定。

絮状沉淀试验为历史较久，又较有用的方法。该法要点是：将抗原与抗体溶液混合在一起，在电解质存在下，抗原与抗体结合，形成絮状沉淀物。这种沉淀试验受到抗原和抗体比例的直接影响，因而产生了两种最适比例的基本测定方法。又分为抗原稀释法（Dean - Webb 法）、抗体稀释法（Ramon 法）和方阵法（或棋盘滴定法，Checkerboard Titration）。

抗原稀释法：是将可溶性抗原作一系列稀释，与恒定浓度的抗血清等量混合，置室温或 37 ℃反应后，产生的沉淀物随抗原的变化而不同。离心沉淀后，分别测定沉淀物总量（mgN）和上清中游离的抗体或抗原量。沉淀物产生量最多，上清中无反应过剩物的 Ab/Ag 比例，为最适比，并可根据抗原和抗体的分子量按下面公式计算抗原的结合价。

抗体稀释法：是采用恒定的抗原量与不同程度稀释的抗体反应，计算结果同上法，得出的是抗体结合价和最适比。

方阵法：是将抗原核抗体同时稀释，以不同组合进行测定，可较正确地得出抗原、抗体最适比。

环状沉淀试验是 Ascoli 于 1902 年建立的，其方法是：先将抗血清加入内径 1.5 ~2 mm 小玻管中，约装 1/3 高度，再用细长滴管沿管壁叠加抗原溶液。因抗血清蛋白浓度高，比重较抗原大，所以两液交界处可形成清晰的界面。此处抗原与抗体反应生成的沉淀在一定时间内不下沉。一般在室温放置 10 min 至数小时，在两液交界处呈现白色环状沉淀则为阳性反应。本技术的敏感度为 3 ~ 20 mg/ml 抗原量。环状沉淀试验中抗原与抗体溶液须澄清。该试验主要用于鉴定微量抗原，如法医学中鉴定血迹，流行病学中用于检查媒介昆虫体内的微量抗原等，亦可用于鉴定细菌多糖抗原。因该技术敏感度低，且不能作两种以上抗原的分析鉴别，现已少用。

免疫浊度测定是利用可溶性抗原抗体在液相中特异结合，形成一定大小的抗原抗体复合物，使反应液出现浊度。当反应液中保持抗体过剩时，形成的复合物随抗原量增加而增加，反应液的浊度亦随之增加，与一系列的标准品对照，即可计算出样品的含量。免疫浊度技术早期主要用于血清、尿和脑脊液中蛋白质含量的测定。近10年来，随着现代科学技术的发展，各种医学分析仪器应运而生，为免疫浊度技术在科研与临床检测中的广泛应用奠定了坚实的基础。免疫浊度技术同其他免疫学分析技术（如放射免疫测定、酶联免疫吸附试验等）相比，最大的优点是校正曲线比较稳定，简便快速，易于自动化，无放射性核素污染，适合大批量标本同时检测。其缺点是特异性稍差，灵敏度不如可见光谱分析与紫外光谱分析等方法高，特别是对于单克隆蛋白和多态性蛋白的检测准确度稍差，易受血脂的影响，尤其是低稀释时，脂蛋白的小颗粒可形成浊度，造成假性升高，所以在使用方面受到一定限制。

免疫浊度测定法已广泛应用于各种蛋白质、载脂蛋白、半抗原（如激素、毒物和各种治疗性药物等）及微生物等检测。

（三）补体参加的反应

补体是机体内具有重要生物学意义的效应系统和效应放大系统，广泛参与机体抗微生物防御反应以及免疫调节。这类反应利用抗体与红细胞上的抗原结合，激活反应体系中的补体，导致红细胞的溶解，用溶血现象作为指示系统帮助结果判定。补体结合试验和溶血空斑试验均属此类反应。补体结合试验曾用于检测多种细菌、病毒的抗原或抗体。

在体外试验中，补体也参与多种抗原抗体反应，主要有溶血试验、补体结合试验和溶血空斑试验，等等。

溶血试验是将红细胞与相应抗体相结合，在电解质存在时，可使红细胞产生凝集现象；若同时加入新鲜动物血清，则血清中的补体可与红细胞及其抗体（溶血素）形成的免疫复合物结合，从而激活补体导致红细胞溶解，产生溶血现象。溶血试验常用于补体结合试验中作为指示系统。

补体结合试验（Complement Fixation Test，CFT）是抗体与抗原反应形成复合物，通过激活补体而介导溶血反应，可作为反应强度的指示系统。早在1906年，Wasermann就将其应用于梅毒的诊断，即著名的“华氏反应”。

补体结合试验是根据任何抗原抗体复合物可激活、固定补体的特性，用一定量的补体与致敏红细胞来检测抗原抗体间有无特异性结合的一类实验。CFT的原理是根据补体的作用无特异性，能与各种抗原抗体复合物结合。但当抗原与抗体不相对应时，补体则不被结合而游离存在。此时如在上述反应系统中，加入绵羊红细胞（抗原）和溶血素（抗体）系统，即可与游离的补体结合而出现溶血现象。因此，绵羊红细胞和溶血素是 CFT 的指示系统，亦称溶血系统。试验结果根据溶血现象是否产生，即可得知检测系统中有无相应的抗原抗体存在。

溶血空斑试验（Plaque Forming Cell Assay，PFCA）是体外检测 B 淋巴细胞抗体形成功能的一种方法。即将经绵羊红细胞（SRBC）免疫过的家兔淋巴结或小鼠脾脏制成细胞悬液，与一定量的 SRBC 结合，于 37 ℃作用下，免疫活性淋巴细胞能释放出溶血素，在补体的参与下，使抗体形成细胞周围的 SRBC 溶解，从而在每一个抗体形成的细胞周围，形成肉眼可见的溶血空斑。每个空斑表示一个抗体形成细胞，空斑大小表示抗体生成细胞产生抗体的多少。由于溶血空斑试验具有特异性高，筛检力强，并可直接观察等优点，故可用作判定免疫功能的指标，观察免疫应答的动力学变化，并可进行抗体种类及亚类的研究。

（四）采用标记物的抗原抗体反应

采用标记物的抗原抗体反应即免疫标记技术（Immunolabelling Techniques）是指用荧光素、放射性核素、铁蛋白、酶、胶体金及化学（或生物）发光剂等标记物标记抗原或抗体，进行抗原抗体反应，是目前应用最为广泛的免疫学检测技术。标记物与抗原抗体连接后不改变后者的免疫特性，且在敏感性、特异性、精确性及应用范围等多方面远远超过一般免疫血清学方法。根据试验中所用的标记物和检测方法的不同，免疫标记技术分为免疫荧光技术，放射性免疫技术，免疫酶技术、免疫胶体金技术和化学反光免疫分析技术。

1. 免疫荧光技术

免疫荧光法（Immuno Fluorescence）是利用荧光素与抗体连接成荧光抗体，再与待检标本中的抗原反应，置荧光显微镜下观察，抗原抗体复合物散发荧光，借此对标本中的抗原作鉴定和定位。其应用范围极其广泛，可以测定内分泌激素、蛋白质、多肽、核酸、神经递质、受体、细胞因子、细胞表面抗原、肿瘤标志物、血药浓度等各种生物活性物质。根据诊断类别，又可分为传染性疾病、内分泌、肿瘤、药物检测、免疫学、血型鉴定，等等。

常见的荧光素有异硫氰酸荧光素、四乙基罗丹明、四甲基异硫氰酸罗丹明。

异硫氰酸荧光素（Fluoresce Iniso Thio Cyanate，FITC）为黄色或橙黄色结晶粉末，易溶于水或酒精等溶剂。分子量为389.4，最大吸收光波长为490～495 nm，最大发射光波长为520～530 nm，呈现明亮的黄绿色荧光，结构式如下：有两种同分异结构，其中异构体Ⅰ型在效率、稳定性与蛋白质结合能力等方面都更好，在冷暗干燥处可保存多年，是应用最广泛的荧光素。其主要优点是：人眼对黄绿色较为敏感，通常切片标本中的绿色荧光少于红色。

四乙基罗丹明（rhodamine，RIB200）为橘红色粉末，不溶于水，易溶于酒精和丙酮。性质稳定，可长期保存。结构式如下：最大吸收光波长为570 nm，最大发射光波长为595～600 nm，呈橘红色荧光。

四甲基异硫氰酸罗丹明（Tetramethyl Rhodamine Ineiso Thio Cyanate，TRITC）结构式如下：最大吸收光波长为550 nm，最大发射光波长为620 nm，呈橙红色荧光。与FITC的翠绿色荧光对比鲜明，可配合用于双重标记或对比染色。其异硫氰基可与蛋白质结合，但荧光效率较低。

一个IgG分子中有86个赖氨酸残基，但最多能够标记15～20个荧光素分子。

荧光免疫分析技术主要有荧光偏振免疫分析技术、时间分辨荧光免疫测定、均相荧光免疫分析和粒子浓缩荧光免疫分析。这里只主要介绍常用的荧光偏振免疫分析和时间分辨荧光免疫测定。

荧光偏振免疫分析技术（Fluorescence Polarization Immuno Assay，FPIA），这是一种均相荧光免疫分析法，主要用于测定小分子量物质，如药物浓度测定。原理是：标记在小分子抗原上的荧光素经485 m的激发偏振光照射后，吸收光能，进入激发状态，激发状态的荧光素不稳定，很快以发出光子的形式释放能量而还原。发射出的光子经过偏振仪形成525～550 nm的偏振光，这一偏振光的强度与荧光素受激发时分子转动的速度呈反比，游离的荧光素标记抗原，分子小，转动速度快，激发后发射的光子散向四面八方，因此通向偏振仪的光信号很弱，而与抗体大分子结合的荧光素标记抗原，因分子大，分子的转动慢，激发后产生的荧光比较集中，因此偏振光信号比未结合时强得多。在测定过程中待测抗原小分子、荧光标记抗原小分子和特异性抗体大分子同时加入同一反应杯中，经过温育，待测抗原和荧光标记抗原竞争性地与抗体结合。待测抗原越少，与抗体竞争结合的量越少，而荧光标记抗原与抗体结合量就越多，当激发光照射时，荧光偏振的程度与荧光标记物分子转动的速度成反比，而荧光标记的小分子抗原与大分子抗体结合后，其分子的转动速度减慢，因此荧光偏振信号强。结果是待测抗原的浓度低，可以通过计算获得其含量。

时间分辨荧光免疫测定（Time Resolved Fluorescence Immuno Assay，TR-FIA）是以镧系元素作为标记物所建立的免疫测定技术。因镧系元素（如 Eu3+）所发射的荧光寿命长，在测定特异性荧光时，可通过延迟检测时间而将标本或环境中的非特异荧光扣除，使其具有良好信噪比。

时间分辨荧光分析法（TRFIA）实际上是在荧光分析（FIA）的基础上发展起来的，它是一种特殊的荧光分析。荧光分析利用了荧光的波长与其激发波长的巨大差异克服了普通紫外—可见分光分析法中杂色光的影响。同时，荧光分析与普通分光不同，光电接收器与激发光不在同一直线上，激发光不能直接到达光电接收器，从而大幅度地提高了光学分析的灵敏度。但是，当进行超微量分析的时候，激发光的杂散光的影响相对比较严重。因此，解决激发光的杂散光的影响成了提高灵敏度的瓶颈。

解决杂散光影响的最好方法当然是测量时没有激发光的存在。但普通的荧光标志物荧光寿命非常短，激发光消失，荧光也消失。不过有非常少的稀土金属（Eu、Tb、Sm、Dy）的荧光寿命较长，可达 1 ~ 2 ms，能够满足测量要求，因此产生了时间分辨荧光分析法，即使用长效荧光标记物，在关闭激发光后再测定荧光强度的分析方法。

常用的稀土金属主要是 Eu（铕）和 Tb（铽），Eu 荧光寿命 1ms，在水中不稳定，但加入增强剂后可以克服；Tb 荧光寿命 1.6 ms，水中稳定，但其荧光波长短，散射严重，能量大易使组分分解，因此从测量方法学上看 Tb 很好，但不适合用于生物分析，故 Eu 最为常用。

时间分辨荧光分析法的测量方法有解理增强测量法、固相荧光测量法、直接荧光测量法、均相荧光测量法和协同荧光测量法。

时间分辨荧光免疫分析可用来检测生物活性物质，特别是在生物样品免疫分析中，显示出它越来越多的独特优点。在内分泌激素的检测、肿瘤标志物的检测、抗体检测、病毒抗原分析、药物代谢分析以及各种体内或外源性超微量物质的分析中，应用时间分辨荧光测定法越来越普遍。近年来，已将这项技术应用于核酸探针分析和细胞活性分析、生物大分子分析，发展十分迅速。

时间分辨荧光免疫分析具有灵敏度高、特异性强、所用试剂有良好的稳定性、检测限较宽，尤其是能消除常规荧光测定中的高背景等优点，是非放射免疫分析中很有发展潜力的分析方法。寻找、设计并合成出较理想的镧系元素螯合物探针；改进标记技术和简化分离技术；采用多重标记法进行放大，进一步提高灵敏度以及提高检测手段的程序化，进一步提高信噪比将成为时间分辨荧光免疫分析的发展方向。

2．放射性免疫技术

放射性免疫测定法（Radio Immuno Assay，RIA）是用放射性核素标记抗原或抗体进行免疫学检测的技术。为一种将放射性同位素测量的高度灵敏性、精确性和抗原抗体反应的特异性相结合的体外测定超微量（10^{-9} ~ 10^{-15}g）物质的新技术。广义来说，凡是应用放射性同位素标记的抗原或抗体，通过免疫反应测定的技术，都可称为放射免疫技术。经典的放射免疫技术是标记抗原与未标抗原竞争有限量的抗体，然后通过测定标记抗原抗体复合物中放射性强度的改变，测定出未标记抗原量。它可以分为两类：竞争性 RIA 和非竞争性 RIA。

放射免疫分析具有许多其他分析方法无可比拟的优点。它既具有免疫反应的高特异性，又具有放射性测量的高灵敏度，因此能精确测定各种具有免疫活性的极微量的物质。但其只能以免疫反应测得具有免疫活性的物质，对具有生物活性但失去免疫活性的物质是测不出的，因此 RIA 结果与生物测定结果可能不一致。其稳定性受多种因素影响，需要有一整套质量控制措施来确保结果的可靠性。灵敏度受方法本身工作原理的限制，对体内某些含量特别低的物质尚不能测定。由于放射免疫分析是竞争性的反应，被测物和标准物都不能全部参与反应，测得的值是相对量而非绝对量。其也存在放射线辐射和污染等问题。

3．酶免疫测定

酶免疫测定（Enzyme Immuno Assay，EIA）是用酶标记的抗体进行的抗原抗体反应。酶标记抗原抗体后形成的酶标记物，既保留抗原或抗体的免疫活性，又保留酶的催化活性。当酶标记物与待测样品中相应的抗原或抗体相互作用时，可形成酶标记抗原抗体复合物。利用复合物上标记的酶催化底物显色，其颜色深浅与待测样品中抗原或抗体的量相关。可用目测定性，也可用酶标仪测定光密度（OD）值以反应抗原含量，该方法灵敏度可达到 ng ~ pg/ml 水平。常用的标记物有辣根过氧化物酶 HRP 和碱性磷酸酶 AP 等。常用的方法有酶联免疫吸附试验（Enzyme Linked Immunosorbent Assay，ELISA）和酶免疫组化技术（Enzyme Immunohistochemistry technique），前者用于测定可溶性抗原或抗体，后者用于测定组织或细胞表面的抗原。

酶联免疫吸附试验是酶免疫测定技术中应用最广的技术。其基本原理是先将已知的抗体或抗原结合在某种固相载体上，并保持其免疫活性。测定时，将带检标本和酶标抗原或抗体按不同步骤与固相载体表面吸附的抗体或抗原发生反应。用洗涤的方法分离抗原抗体复合物和游离成分，然后加入酶的作用底物显色，进行定性或定量测定。

ELISA 可用于测定抗体，也可用于检测可溶性及细胞抗原。常见的方法有间接法、双抗体夹心法和竞争法。

间接法是测定抗体最常用的方法。将已知抗原吸附于固相载体，加入待测标本（含相应抗体）与之结合。洗涤后，加入酶标抗体和底物进行测定。

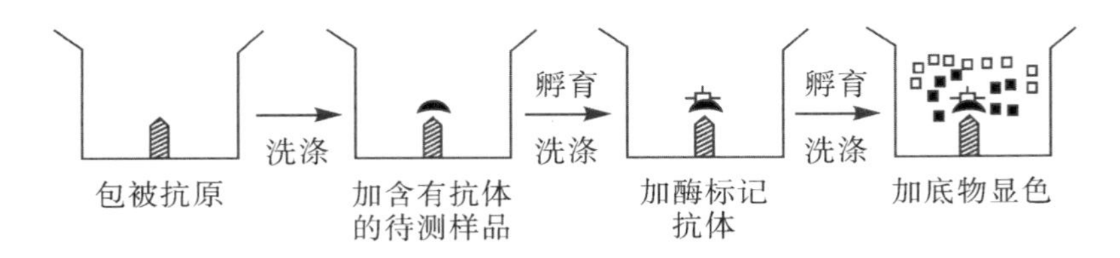

图 5－4　间接 ELISA 法示意图

操作步骤：（1）用已知抗原包被固相载体；（2）加待检标本，经过温育使相应抗体与固相抗原结合，洗涤，除去无关物质；（3）加酶标记抗体，再次温育与固相载体上的抗原抗体复合物结合，洗涤，除去未结合的酶标记抗体；（4）加底物显色，终止反应后，目测定性或用酶标仪测定光密度值定量。

双抗体夹心法常用于检测抗原，将已知抗体吸附于固相载体，加入待测标本（含相应抗原）与之结合。温育后洗涤，加入酶标抗体和底物进行测定。

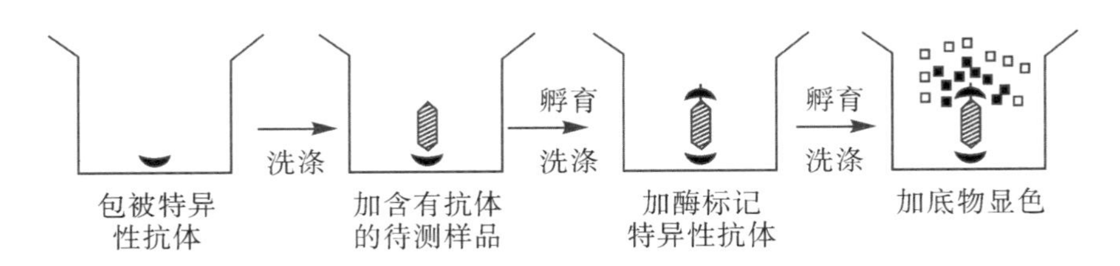

图 5－5　双抗体夹心 ELISA 法示意图

操作步骤：（1）用已知特异性抗体包被固相载体；（2）加入待测标本，经过温育使相应抗原与固相抗体结合，洗涤，除去无关物质；（3）加酶标特异性抗体，与已结合在固相抗体上的抗原反应，洗涤，除去未结合的酶标抗体；（4）加底物显色。终止反应后，目测定性或用酶标仪测量光密度值定量测定。

竞争法既可用于抗原和半抗原的定量测定，也可用于测定抗体。以测定抗原为例，将特异性抗体吸附于固相载体，加入待测抗原和一定量的酶标已知抗原，使两者竞争与固相抗体结合，经过洗涤分离，最后结合于固相的酶标抗原与待测抗原含量呈负相关。

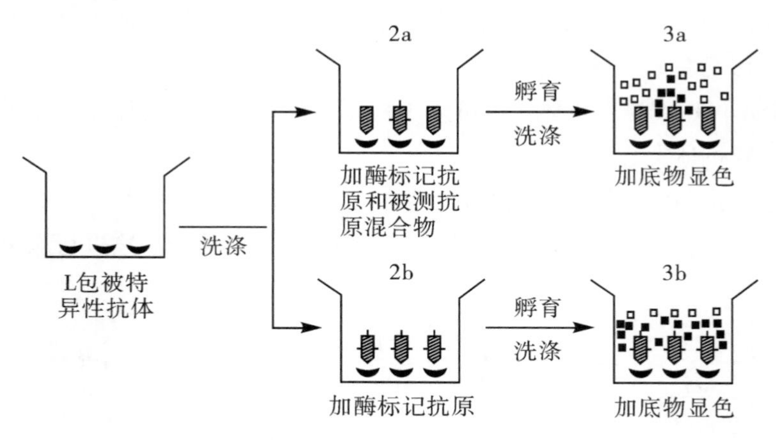

图 5－6　竞争 ELISA 法示意图

操作步骤：（1）用已知特异性抗体包被固相载体；（2）测定管加待测抗原和一定量的酶标抗原，经过温育，使两者与固相抗体竞争结合，对照孔只加一定量酶标抗原与固相抗体直接结合；（3）分别洗涤，除去未结合的成分；（4）加底物显色。对照孔由于只加酶标抗原，与固相抗体充分结合，故分解底物显色深；测定管的显色程度则随待测抗原和酶标抗原与固相抗体竞争结合的结果而异。如待测抗原量多，竞争性地抑制酶标抗原与固相抗体结合，使固相上结合的酶标抗原量少，因而加入底物后显色反应较弱。分别测定两管的光密度值，根据对照管与测定管 OD 值之比计算标本中待测抗原的含量。

酶免疫组化技术是直接以细胞或组织切片为抗原相，以酶联免疫技术检测抗原或抗体的存在与否或定位的一类酶标技术。

4. 免疫金标技术

胶体金（Colloidal Gold）是氯金酸（Chloroauric Acid）的水溶胶，具有高电子密度的特性，在金标蛋白结合处，在显微镜下可见黑褐色颗粒，当这些标记物在相应的配体处大量聚集时，肉眼可见红色或粉红色斑点，因而用于定性或半定量的快速免疫检测方法中，这一反应也可以通过银颗粒的沉积被放大，称之为免疫金银染色。胶体金是由氯金酸（HAuCl4）在还原剂如白磷、抗坏血酸、枸橼酸钠、鞣酸等作用下，可聚合成一定大小的金颗粒，并由于静电作用成为一种稳定的胶体状态，形成带负电的疏水胶溶液，由于静电作用而成为稳定的胶体状态，故称胶体金。

1971 年 Faulk 和 Taytor 将胶体金引入免疫化学，此后免疫胶体金技术作为一种新的免疫学方法，在生物医学各领域得到了日益广泛的应用。目前，在医学检验中的应用主要是免疫层析法（Immunochromatogra - phy）和快速免疫金渗滤法（Dot - Immuo Gold Filtration Assay，DIGFA），用于检测 HBsAg、HCG 和抗双链 DNA 抗体等，具有简单、快速、准确和无污染等优点。

常用的免疫胶体金检测技术有：

（1）免疫胶体金光镜染色法。

细胞悬液涂片或组织切片，可用胶体金标记的抗体进行染色，也可在胶体金标记的基础上，以银显影液增强标记，使被还原的银原子沉积于已标记的金颗粒表面，可明显增强胶体金标记的敏感性。

免疫胶体金电镜染色法可用胶体金标记的抗体或抗抗体与负染病毒样本或组织超薄切片结合，然后进行负染，可用于病毒形态的观察和病毒检测。

（2）斑点免疫金渗滤法。

应用微孔滤膜（如膜）做载体，先将抗原或抗体点于膜上，封闭后加待检样本，洗涤后用胶体金标记的抗体检测相应的抗原或抗体。

（3）胶体金免疫层析法。

将特异性的抗原或抗体以条带状固定在膜上，胶体金标记试剂（抗体或单克隆抗体）吸附在结合垫上，当待检样本加到试纸条一端的样本垫上后，通过毛细作用向前移动，溶解结合垫上的胶体金标记试剂后相互反应，再移动至固定的抗原或抗体的区域时，待检物与金标试剂的结合物又与之发生特异性结合而被截留，聚集在检测带上，可通过肉眼观察到显色结果。该法现已发展成为诊断试纸条，使用十分方便。

3. 化学放光免疫分析技术

发光免疫分析是将发光分析和免疫分析相结合而建立的一种新型免疫分析技术。这种方法兼具有发光分析的高灵敏度和抗原抗体反应的高度特异性。

化学放光（Chemiluminescence）是指伴随化学反应过程中所产生的光的发射现象。某些物质（发光剂）在化学反应时，吸收了反应过程中所产生的化学能，使反应的产物分子或反应的中间态分子中的电子跃迁到激发态，当电子从激发态回复到基态时，以发射光子的形式释放出能量，这一现象称为“化学发光”。

该法灵敏度有时可高于放射性免疫测定法，常用于血清超微量活性物质的测定，如甲状腺激素，等等。

五、抗体与生物靶向治疗

随着生物技术在医学领域的快速发展和从细胞分子水平对发病机制的深入认识，肿瘤生物治疗已进入了一个全新的时代。1953 年，为了更有针对性地治疗恶性肿瘤，Kongold 以及 Pressman 等人就提出了靶向治疗肿瘤的问题，但是由于当时的科学技术并没有达到能够实现这一设想的程度，因此这一设想在当时也仅仅停留在理论阶段。以后的经历也证明：这条路并非一帆风顺。经过近 30 年的不懈努力，特别是经过基因工程技术使单抗的人源化，终于使单克隆抗体作为一种抗肿瘤药物应用于临床。人源化抗肿瘤单抗的临床应用揭开了肿瘤生物治疗新的一页。

肿瘤靶向治疗是针对导致细胞恶性转化的环节（靶标），使用某些能与这些靶分子特异结合的抗体、配体等，在分子水平逆转该恶性生物学行为，从而抑制肿瘤细胞生长，甚至使其完全消退的一种全新的生物治疗模式。

肿瘤靶向治疗的主要作用机制包括：①利用抗体的靶向性将细胞毒性物质导向靶部位，直接杀伤肿瘤细胞，如标记放射性核素^{90}Y 的泽娃灵，标记^{131}I 的百克杀治疗非霍奇金淋巴瘤；耦联抗癌药物刺孢霉素的麦罗塔治疗髓系白血病。②借助依赖抗体的细胞毒作用。③依赖补体的细胞毒作用（CDC）。④改变信号通路。⑤免疫调节机制。⑥抑制肿瘤血管形成。

临床治疗用单抗分为嵌合性、人源性和全人性三种。嵌合性抗体为鼠源抗体的可变区与人源抗体恒定区融合构成，完全保留了鼠源抗体的亲和力，同时去除了产生免疫原性的主要片段 Fc，并增强了抗体 Fc 段的效应功能。人体会对嵌合性单抗中的鼠源成分产生人抗鼠抗体反应（HAMA），对外源的单抗起中和作用，从而降低疗效，并可导致过敏反应。人源化单抗是利用点突变技术将鼠源抗体中决定抗体特异性的高变区或互补决定簇区（CDR）移入人源抗体的框架区，构建成人源化抗体，鼠源成分进一步减少。全人性单抗是利用人源抗体库、转基因鼠及利用抗体工程技术去除导致 T 细胞反应的肽段等技术制备的全人抗体，100% 为人源序列，避免了 HAMA 反应。

美国 FDA 于 1997 年第一个被批准上市的单克隆抗体是美罗华。其靶抗原为 B 淋巴细胞表面抗原 CD20。美罗华为 IgG1 基因工程人/鼠嵌合单克隆抗体，其作用机制为：抗体依赖细胞的细胞毒作用，补体依赖细胞的细胞毒作用；CD20 细胞中间介质溶解；细胞凋亡；增加耐药 B 细胞淋巴瘤细胞系对某些化疗药细胞毒作用的敏感性；活性不依赖于细胞周期。美罗华主要用于中低度恶性的 B 细胞型非霍奇金淋巴瘤（NHL）。用前需对淋巴瘤组织进行 CD20 的检测。由于 80% 的 NHL 来自 B 淋巴细胞，而 90% 以上的 B 细胞淋巴瘤细胞均有 CD20 的表达，在人的干细胞、祖细胞或正常浆细胞不表达，因此大多数 NHL 患者均可成为美罗华的治疗对象。

1998 年，美国 FDA 批准了第一个应用于实体瘤的人源化抗体赫塞汀（Trastuzumab，商品名 Hereeptin），其针对的抗原为 HER2（1981 年，Shih 在小鼠神经母细胞瘤发现了一个高表达的癌基因，命名为 neu 基因。以后又发现该基因与编码表皮生长因子受体的基因相关。1985 年 Coussens 在此基础上发现了 neu 在人体的等位基因，称之为 HER2）原癌基因的产物 $p185^{neu}$。目前的适应症主要为乳腺癌。

2001 年，美国 FDA 应用了一种用于烷化剂和 FLUTARABINE 治疗失败的慢性 B 细胞白血病的人源化单克隆抗体 Alemtuzumab（商品名 CAMPATH），其针对抗原为正常 T 细胞和 B 细胞中高表达的糖蛋白 CD32w。临床研究显示 Alemtuzumab 对前 T 淋巴细胞性白血病、低度恶性 NHL 以及移植物抗宿主反应具有较好的表现。其副作用有发热、胃肠道反应、高血压，等等。

Ibritumomab 是美国 FDA 于 2002 年批准的第一个同位素标记单抗，Ibritumomab 是抗 CD20 嵌和抗体美罗华与同位素^{90}铱的共价化合物。其适应症与美罗华基本相同，被批准用于难治复发 B 细胞非霍奇金淋巴瘤的治疗。其作用机制是，Ibritumomab 的互补—决定区域与 B 淋巴细胞上的 CD20 抗原结合。与利妥昔单抗类似，体外 ibritumomab 能诱导 CD20 阳性的 B 细胞凋亡，与^{111}In 或^{90}Yb 结合的螯合物 tiuxetan 可与抗体内所含的裸露赖氨酸和精氨酸共价结合。^{90}Yb 的 b 射线可在靶细胞及其相邻细胞内产生自由基，从而杀伤细胞。药动学研究显示，^{90}Yb 活性在血液中的平均半衰期为 30 h，在血液中的平均注射活性量（FIA）对时间曲线下面积为 39 h。7 天内，约 7.2% 的注射剂量随尿液排泄。

还有大量单克隆抗体靶向治疗药物被批准上市，这里就不做一一介绍了。人源化抗肿瘤单抗的临床应用无疑是肿瘤生物治疗中一个重要的里程碑，完全的人源化是肿瘤靶向治疗抗体的发展目标之一。随着各种技术的发展，肿瘤靶向治疗性抗体的研究、开发将会有突破性发展。

第六章　生物安全现状及对策

“春眠不觉晓，处处闻啼鸟；夜来风雨声，花落知多少。”唐代诗人孟浩然的《春晓》向我们描述了一幅莺歌燕舞、百花齐放的美丽春光图卷，春天是不应该寂静无声的。但在1962年出版的《寂静的春天》，美国海洋生物学家蕾切尔·卡逊在书中描述人类可能将面临一个没有鸟、蜜蜂和蝴蝶的世界，因农药的滥用导致生物多样性消失，在春天里田野变得寂静无声了。

爱好科幻恐怖电影的朋友也应该对生物危机或生物恐怖不陌生，电影《灭顶之灾》讲述了一个突然的，没有预警、没有征兆的自然危机事件，一种无形的神经毒素被释放到空气中，导致人类不断地莫名自杀，古怪且可怕的死亡气息弥漫，且没有任何迹象可循，这是人类对环境的肆意破坏和污染已经激怒了大自然，其他的物种包括植物界在积势向我们报复。由保罗·安德森编剧，米拉·乔沃维奇等主演的《生化危机》系列电影，情节是一种病毒突然爆发并迅速传播着，感染者变为只剩吞噬及杀戮本能的“活死人”，而背后的“保护伞”公司居心叵测，人类社会陷入空前恐慌。加拿大籍的鬼才导演大卫·柯南伯格执导科幻惊悚片《变蝇人》（*The Fly*），一名科学家因实验失败导致变身为蝇人。还有好莱坞大片《异形》系列和《撕裂人》《异种》《刺》等等，虽然有的出于商业利益或视觉刺激的追求，情节过于玄幻惊悚或夸张，但无不向我们展示着一种警示，或反思，而这些，就涉及下面将要介绍的生物安全问题。

一、生物安全的由来

20世纪80年代中期，生物安全问题就引起了国际上的广泛关注。1985年世界卫生组织（World Health Organization，简称WHO）、联合国环境规划署

（United Nations Environment Programme，简称 UNEP）、联合国工业发展组织（United Nations Industrial Development Organization，简称 UNIDO）及联合国粮食及农业组织（Food and Agriculture Organization，简称 FAO）联合成立了一个非正式的特设工作小组，主要工作就是关于生物技术安全，开始关注生物安全问题。

而从国际法的层面，首次提出“生物安全”概念的是 1992 年 6 月 5 日，在巴西里约热内卢举行的联合国环境与发展大会上签署的《生物多样性公约》（Convention on Biological Diversity，以下简称《公约》或 CBD）。《公约》是一项保护地球生物资源的国际性公约，为保护全球生物多样性提供了法律保障。《公约》涵盖的范围极广，旨在处理关于人类未来发展的重大问题，成为国际法的里程碑，首次达成保护生物多样性是人类的共同利益和发展进程中不可缺少的共识，涵盖了所有的遗传资源、物种和生态系统，把传统的保护努力与生物资源的可持续利用联系起来，建立公平合理地共享遗传资源利益的原则，尤其是对快速发展的生物技术发展、转让、惠益共享和生物安全等生物技术领域。

那么，何谓生物安全，它所涵盖的范围又有哪些？所谓生物安全一般是指由现代生物技术开发和应用所能造成的对生态环境和人体健康产生的潜在威胁，及对其所采取的一系列有效预防和控制措施。生物安全涵盖的范围特别广泛，不仅包括动物、植物与微生物的繁育、种植、培养、运输、储藏、环境释放、加工与利用，还包括人体健康与人类社会经济可持续发展等各方面。

狭义的“生物安全”是指当代人类对生物技术的研究、开发与应用对生态环境、生物多样性甚至人类健康造成影响，特别是转基因生物体对生态系统和人类社会有可能潜在的不确定的威胁，及对其所采取的一系列预防和控制措施。而广义的“生物安全”，一方面是指生物物种不受人类不当活动的干扰和侵害，其个体总量处于动态平衡的稳定状态；另一方面也是国家安全问题组成的重要部分之一，即指与生物有关的各种因素对人类健康、生存环境及社会、经济发展所产生的危害或潜在的风险。

与生物安全有关的生物因素主要包括：（1）天然生物及其变异，主要指动物、植物及微生物，而事实是由微生物特别是致病微生物或其变异引起的重大传染病的爆发流行、生物战及生物恐怖等是人类社会目前面临的最为现实的生物安全问题。（2）遗传修饰生物体（Genetically Modified Organisms，简称 GMOs）：是指通过转基因技术而非自然变异或重组方式产生的遗传物质被改变的生物体，如转基因动植物，各种工程菌等。转基因作物及食品的安全性问题被广泛质疑，国际社会对其尚存有很大争议。(3) 生物技术：指现代生物技术在研究、开发、应用及产业化过程中，在造福人类的同时，对生态环境及人类社会产生的不利影响或潜在风险，特别是现代社会的生物技术滥用，如抗生素滥用、克隆人、不道德的生物武器研制等，已成为国际社会面临的重大的生物安全问题。

二、生物武器与生物恐怖

目前，我们所面临的生物安全问题主要包括：生物武器及生物恐怖的潜在威胁，传染病对人类社会的巨大威胁，生物技术的负面作用与谬用，生物资源及生物多样性受到威胁，实验室的生物安全隐患，等等。

（一）生物武器

生物武器是生物战剂及其施放装置的总称，而生物战剂是决定生物武器杀伤威力的决定因素。生物战剂旧称细菌战剂，是用于军事行动中的致命微生物、毒素及其他生物活性物质的统称。生物战剂可分为致死剂、失能剂、接触剂（在接触过程中传染）和非接触剂，而应用生物武器来达到其军事目的的作战称为“生物战”。

在人类的战争史上，生物武器的使用由来已久。最早被列入生物战史册的是1346年的卡法城之战，鞑靼人用射弹器将感染鼠疫死者的尸体抛入卡法城，导致卡法城中的热那亚人大量死亡。在我国，早在公元483年晋侯伐秦时，就有史书记载“秦人毒泾上流，师人多死”的战例。“一战”期间，德国首先研制和使用生物武器，对敌方使用细菌战剂，导致感染死亡人数比战死人员数量高出3倍。我国在近代战争中也受到生物武器的严重危害。“二战”期间，丧心病狂的日本帝国主义在我国的东北组建细菌作战专门部队——731部队，大规模研制生物武器，在中华地区大肆施放鼠疫、霍乱、伤寒和炭疽杆菌等10余种生物战剂，并用中国人做活体试验，仅1940—1943年间，就有3000多名中国人惨遭杀害。美国在朝鲜战争中也对中朝使用生物武器，造成中朝人员大量伤亡。

生物战剂多为烈性传染性致病的微生物，在使用后可以长期在自然环境中存活，遗患无穷。如1979年苏联斯维洛夫斯克市的微生物与病毒研究基地爆炸事件，大量炭疽杆菌气溶胶泄漏，导致该地区的疫病流行多年；“二战”期间英国在格鲁伊纳岛进行炭疽杆菌炸弹试验，直到1990年该岛才解除危险。此外生物武器还具有生产成本低、使用简单、污染面积大、传染途径多的特点，如可以通过进食、呼吸道吸入、伤口感染、黏膜感染、昆虫叮咬、皮肤接触等途径感染人或动植物。但生物武器的使用受到很多因素的影响和制约，如环境、气候、地形等，且就算是使用者也难以控制使用后的疫情发展和范围，甚至危及自身!

1. 生物战剂的种类

细菌：是最主要、最常用的生物战剂，包括炭疽杆菌、鼠疫杆菌、霍乱弧菌、布鲁氏菌、土拉弗郎西丝菌、鼻疽假单胞菌、类鼻疽假单胞菌等，炭疽是细菌战剂的首选。

立克次氏体与衣原体：寄生活细胞内生长的一类微小生物，如流行性斑疹伤寒立克次体、Q热立克次体、鹦鹉热衣原体等，Q热立克次体感染性强，是重要的非致死性战剂。

病毒：也是重要的一类生物战剂。病毒种类繁多，在自然界分布广，而且不断变异进化，新型的病毒类型也不断被发现。用作生物战剂的主要有天花病毒、埃博拉病毒、黄热病毒、呼宁病毒、裂谷热病毒，等等。

毒素：既是化学战剂，也是生物战剂，被称之为生物化学战剂。用作生物战剂的有：肉毒毒素、白喉杆菌毒素、石房蛤毒素、疣孢漆斑菌毒素、葡萄球菌肠毒素、产气荚膜梭菌毒素、破伤风毒素，等等。

真菌：主要有荚膜组织胞浆菌、球孢子菌，等等。

2. 热门的生物战剂

天花（Smallpox）：是由痘病毒引起的一种烈性传染病，是世界范围内危害人类的传染病之一，也是在世界范围内被我们消灭的第一传染病。主要表现症状为严重毒血症状和皮疹疱疹，患者痊愈后皮肤留有麻子，几千年来导致过亿人死亡或失明、毁容。到目前为止，对天花的治疗还没有确定的行之有效的办法。1976年，英国乡村医生爱德华·詹纳发明的牛痘接种法可以有效地预防天花的传染。1979年10月26日联合国世界卫生组织宣布，人类在全世界内已经消灭了天花病。现在，只有美国亚特兰大的疾病控制与预防中心与俄罗斯的国家病毒与生物技术中心两个实验室保存天花病的病毒，但不能排除其他实验室违禁保存。1993年，世界卫生组织制定了销毁全球天花病毒的时间表，但这项计划被延期执行。有专家发出警告说，某掌握天花病毒的人可能会被收买，而天花病毒若落入恐怖分子的手里将成为非常危险的武器。

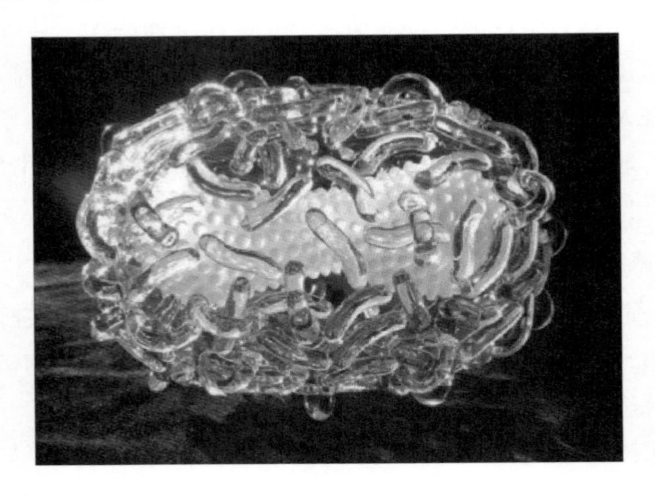

图 6－1 天花病毒 （http://www.guokr.com/article/438386/）

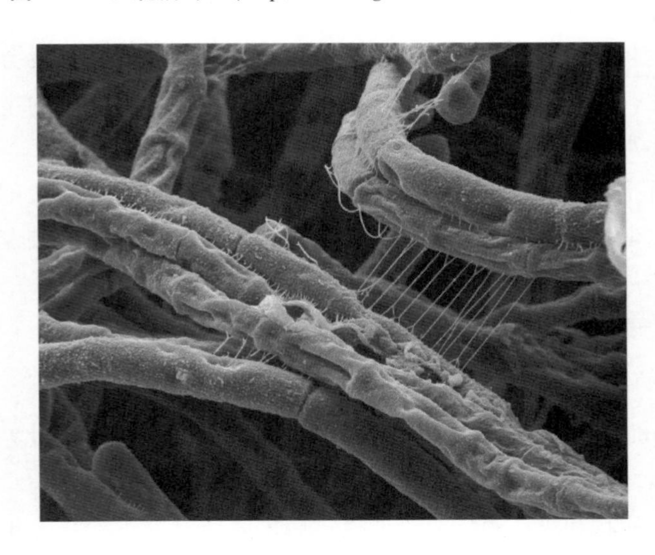

图 6－2 杆状炭疽热细菌 （http://www.cmse.cqu.edu.cn/?idx=page&id=1382）

炭疽（Anthrax）：由炭疽杆菌引起，为一种人畜共患的急性传染病，症状表现为皮肤坏死、溃疡、焦痂和周围组织广泛水肿及毒血症症状，偶可引致肺、肠和脑膜的急性感染，并可伴发败血症。炭疽成为细菌战剂的首选是因为炭疽细菌的培养容易，传播简单且其症状具有隐秘性，在生物战中常作为致死性战剂使用，如日本在侵华时期大量生产和使用炭疽，危害我国人民。

此外，常用的生物战剂还有鼠疫（Plague）、霍乱（Cholera）和肉毒杆菌（Clostridium Botalinum）等。

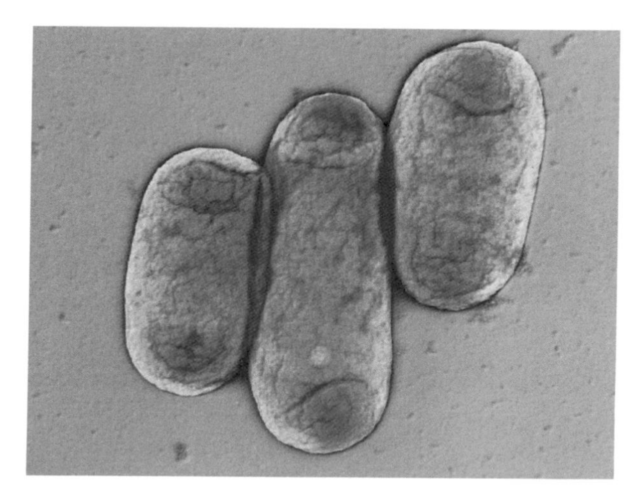

图6-3　鼠疫耶尔森菌　（http://www.cmse.cqu.edu.cn/? idx=page&id=1382）

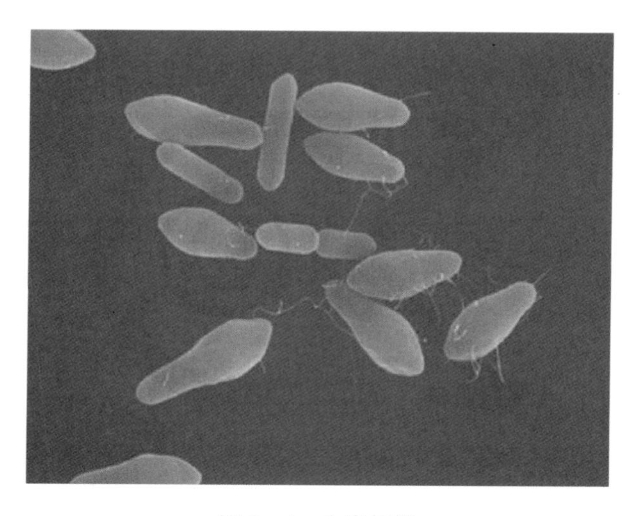

图6-4　肉毒杆菌

（http://tupian.baike.com/a3_72_16_01300000340044123727160982414_jpg.html）

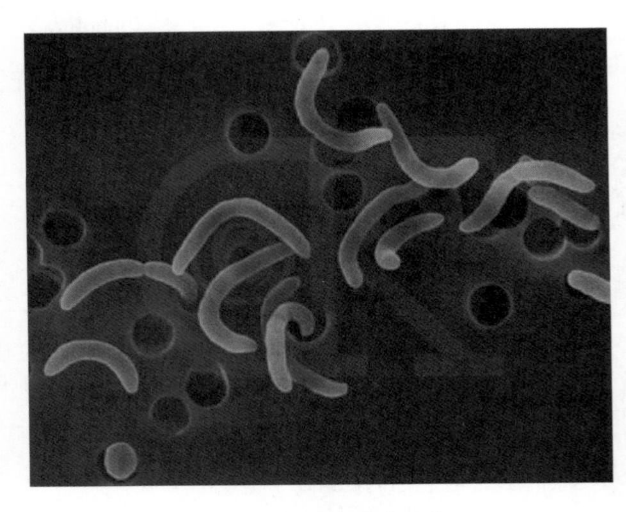

图 6－5 霍乱弧菌

(http://www.a－hospital.com/w/%E9%9C%8D%E4%B9%B1%E5%BC%A7%E8%8F%8C)

3. 恐怖的基因武器——第三代生物战剂

基因武器（genetic weapon），也称遗传工程武器或DNA武器。随着分子生物技术的发展，一些军事大国相继投入大量的经费和人力研发基因武器。它可以通过基因重组手段，有选择性地改造生物战剂的特性和靶标范围；或将可以对抗普通药物或疫苗的基因转入致病菌或病毒中，使其产生抗药性；或者是把致病基因导入普通的微生物中，生产出危害极大的生物战剂，如将鼠疫基因导入普通大肠杆菌中，那么我们普通的进食活动也有可能感染鼠疫，因为大肠杆菌无处不在。随着基因合成技术的建立和发展，科学家可以设计和合成自然界不存在的生物体作为新型的生物战剂，或利用特定种族的遗传生化特性，设计合成只对具备某特定遗传特征种族群体有效的生物战剂，称之为“人种炸弹”，有选择性地消灭某一人类种族。科学家也可以通过克隆技术，生产强攻击性的“杀人蚁”或“杀人蜂”等变异生物体，或培育“超级战士”。

基因武器给人类带来的将会是恐怖性的灾难。目前，至少有美国、俄罗斯及以色列三个国家在进行基因武器的研究计划。美国已研制出抗四环素及青霉素作用的大肠杆菌和在普通的酿酒酵母中导入裂各热细菌致病基因，俄罗斯也研制了可以对抗任何抗生素的新型炭疽毒素。人类无法预料，使用基因武器后人类将面临何种局面，是无法控制的超级致病生物体的爆发流行，或者是无法控制的人类走向灭绝深渊的前奏。正如中国“人类基因组计划”重大项目秘书长杨焕明教授所说："就连我们这么小的实验室都能做这样的事，把艾滋病毒跟感冒病毒连接到一起，多可怕！有人说过，这个世界不是毁在几个不懂法的流氓手里，要毁就毁在科学家手里。"

生物武器效应面积大，可控难度高，对人类社会危害巨大。目前，和平与发展仍是当代国际社会主流，抵制大规模杀伤性武器（特别是生物武器）是全球共识。1925 年，有关国家在国际联盟主持的日内瓦裁军大会上签署了《禁止在战争中使用窒息性、毒性或其他气体的细菌作战方法的议定书》。1969 年，英国提出了关于禁止生物作战方法的公约草案。1971 年 9 月 28 日，美、英、苏等多国向联合国提出《禁止细菌（生物）和毒素武器的发展、生产及储存以及销毁这类武器的公约》（简称《禁止生物武器公约》）草案并获通过，1972 年 4 月 10 日开放签署，于 1975 年 3 月 26 日生效，而我国于 1984 年 11 月 15 日加入该公约。2004 年，世界卫生组织出版了《应对生物和化学武器的公共卫生反应：WHO 指南》，阐述了科学技术，特别是生物技术的发展对生物武器研究产生的可能影响。《禁止生物武器公约》首次签署距今已 40 多年，但生物武器的研发和生产仍然是禁而不止，人类社会依然面临着生物武器的巨大威胁。

（二）生物恐怖

恐怖主义危害国家社会的和平与发展，2001 年美国的"炭疽邮件"事件震惊了全球，引起了各国对生物恐怖的高度重视。在《生物恐怖防御》一书中，对生物恐怖的定义是：利用生物剂对特定目标实施袭击的恐怖活动，即是恐怖分子利用传染病病原体或其产生的毒素的致病作用实施的反社会、反人类的活动，它不但可以达到使目标人群死亡或失能的目的，还在心理上造成人群和社会的恐慌，从而实现的是其不可告人的政治目的。生物恐怖和生物战在本质上是一样的，它们的袭击或攻击手段均是生物武器，只是两者的目的和场合不同，即在战争中使用生物就称之为"生物战"，而在恐怖活动中使用生物武器则称为"生物恐怖"。

1. 重大生物恐怖事件

铃木医生事件：1966 年，日本的内科医生 Mitsuru Suzuki 向病人和护理人员注射沙门氏伤寒杆菌，致 200 人感染，4 人死亡。

污染色拉事件：1984 年，拉金尼什教徒将含有有毒鼠沙门伤寒菌的酒喷洒在位于美国俄勒冈州的 10 家餐馆食物中，事件中至少 751 人被感染。

美国潜艇事件：1984 年，恐怖主义分子利用肉毒杆菌毒素导致美军 63 人中毒，50 人死亡。

日本奥姆真理东京地铁事件：1995 年，日本的奥姆真理教在东京的地铁使用了沙林神经毒气，至少 5000 人受到伤害。

美国“炭疽邮件”事件：2001 年，被炭疽污染的邮件送到了不同的美国人手中，事件导致多人感染，其中 5 人死亡。

生物恐怖是国际社会所面临的主要威胁，但防范强度很大。社会发展的不平等、各集团矛盾激化及狭隘的极端主义是恐怖主义产生的主要原因。2001 年炭疽事件之后，西方发达国家始终把生物恐怖袭击作为国家面临的最大的安全威胁。而在我国，有“东突”“藏独”“疆独”恐怖暴力组织活动猖獗，同时国际恐怖势力不断渗透，互相勾结。另外，我国应对公共卫生问题及突变事件能力不足，对生物恐怖防御与处置能力相对低下，因此也同样面临着严峻的生物恐怖威胁。

2. 流行性传染病的威胁

流行性传染病能在较短的时间内广泛蔓延传播，可以在某地区发生，也可以在全球范围内大流行，感染众多人口。而应对传染病的爆发性流行是国家生物安全的重要组成部分。人类社会发展至今，经历了数种可怕的流行病，下面简要为大家介绍一下：

（1）天花：前面已经介绍过天花是由痘病毒引起的一种烈性传染病，因患者痊愈后会留下如麻子般的疤痕而得名。天花病毒在人类社会的传播已达数千年，其致死率高达 30%，一般通过皮肤或直接接触传播，在封闭的环境中也能通过空气传播。近到 20 世纪，天花还是人类的噩梦，在 1976 年导致了 2 万人的死亡。现在天花基本被人类消灭，仅留下天花病毒保存在特定实验室用于研究。

（2）黑死病：一般认为是由鼠疫耶尔森菌引起，也称为流行性鼠疫病。黑死病是人类历史上最为可怕的流行病，是人类的千年梦魇。在 14 世纪的中叶，一场骇人听闻的大瘟疫即黑死病在欧洲爆发，1/3 ~ 1/4 的欧洲人口死于这场灾难，该病也传播到东方，有大量的中国人和印度人死于非命。黑死病在人类历史上有多次大流行，死者千万计，感染死亡率极高，对全球的经济、政治的发展产生了深远影响。曾有历史学家评论：“黑死病是理解 14 到 15 世纪欧洲的关键，更是中世纪与现代文明的分界线。”

（3）霍乱：霍乱由霍乱弧菌引起，主要通过被污染的水或食物传播。症状表现为呕吐、腹泻、腿抽筋，严重时会脱水休克。在人类历史上多次爆发，夺走了数百万人的生命。1961 年，印度尼西亚爆发了一种新型霍乱，并蔓延至全世界。1991 年，4000 多人死于该新型霍乱。

图 6－6　中世纪黑死病景象

(http://www.renwen.com/wiki/%E9%BB%91%E6%AD%BB%E7%97%85)

(4) 疟疾：由蚊虫叮咬感染疟原虫而引起的虫媒传染病，症状为周期性寒战、发热、头痛、出汗和贫血、脾肿大，多流行于秋夏季节，在热带及亚热带一年四季均有发病及流行。4000 年前就有关于疟疾的记载，在第二次世界大战期间，据统计约有 6 万美军死于疟疾。直到现在，世界上很多地区仍然有疟疾肆虐，每年夺去多达 100 万人的生命。

(5) 肺结核：由结核分枝杆菌引起的慢性传染病，以肺部结核感染最为常见，也可侵及其他脏器，在空气中传播。一般症状为低热、盗汗、消瘦、纳差、乏力、咳嗽或咳痰或咯血、不同程度胸闷或胸痛或呼吸困难等。17 世纪，肺结核在欧洲流行；19 世纪末，美国每年有 1/10 人口死于肺结核。当今，人类对肺结核已经有了行之有效的治疗方法，但每年世界上还是有数百万人感染肺结核，很多患者也因此死去。

(6) 艾滋病：即获得性免疫缺陷综合征（Acquired Immune Deficiency Syndrome，AIDS），由人类免疫缺陷病毒（Human Immunodeficiency Virus，HIV）引起，主要通过血液、精液、唾液、尿液、阴道分泌液、眼泪、乳汁途径传播。1981 年在美国首次被确认，并于 1982 年命名为艾滋病，为 AIDS 的音译。从艾滋病被确认至今，该病已夺去了大约 2500 万人的生命，全世界约有 3000

多万的 HIV 携带者。目前，人类尚没有根治艾滋病的办法。

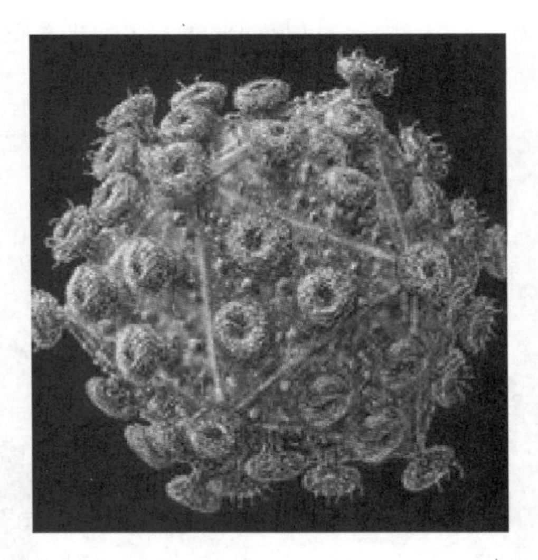

图 6 - 7 人类免疫缺陷病毒，HIV (http://m.zwbk.org/lemma/216847)

(7) SARS：全称为重症急性呼吸综合征（Severe Acute Respiratory Syndrome，SARS），由 SARS 冠状病毒（SARS - CoV）引起，是一种急性呼吸道传染病，主要传播途径为近距离飞沫传播或患者呼吸道分泌物接触传播。作为中国人，我们对 SARS 应该不陌生，那是中国人在 2003 年的一个噩梦。于 2002 年在广东的顺德首发，后全国扩散乃至全球，2003 年中期疫情才得到有效控制。SARS 爆发期间，中国社会陷入空前恐慌，而包括许多医疗人员在内的 1000 多人失去了生命。

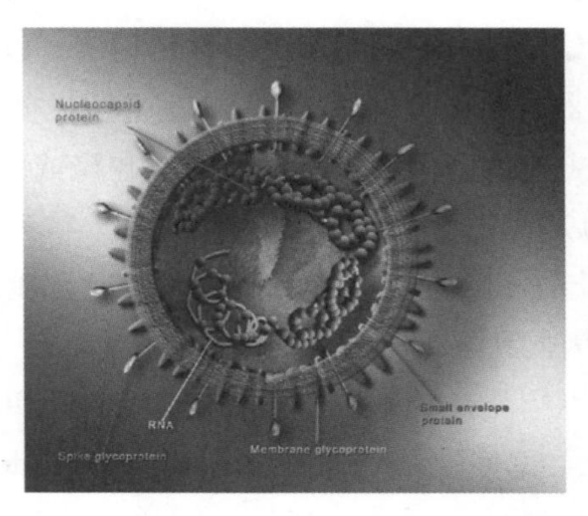

图 6 - 8 SARS 冠状病毒，SARS - CoV

(http://www.wiki8.com/SARSguanzhuangbingdu_42736/)

对人类社会造成巨大危害的流行病还有黄热病、斑疹伤寒、脊椎灰质炎等，在这里就不一一叙说。目前，我国多个地区的禽流感高发，该病是由禽流感病毒所引起。禽流感病毒属于甲型流感病毒，但在感染禽类过程中会发生基因变异从而获得感染人的能力。目前直接能感染人的禽流感病毒亚型有 H5N1、H7N1、H7N2、H7N3、H7N7、H9N2 和 H7N9 等 7 种亚型。H5N1 和新发现的新禽流感 H7N9 亚型为高致病性亚型，对我国的家禽养殖业造成重创，有多名患者死于该病。但至今，科学界并没有得到该病可以人传染人的直接证据。而在 20 世纪 80 年代一种名为牛脑海绵状病即疯牛病在英国、法国、丹麦、葡萄牙、爱尔兰、加拿大、瑞士、德国和阿曼等国家流行，给这些国家带来社会恐慌和经济危害。疯牛病的致病因子可以感染人，导致克雅病（CJD），该病潜伏期长，使用常规消毒方法对致病因子即朊病毒无效，感染后血清学方法也无法检出，且在潜伏期间组织已具备传染性，目前人类还没有治疗克雅病的有效方法。

随着人类社会的不断发展和科学技术水平的提高，在历史上多种严重危害人类生存和健康的流行病都得到控制或被消灭，但新型或未知的传染病也在不断地被发现，且后者更为来势凶猛，比如 2003 年我国爆发的 SARS。此外，人类掌握的生物技术也是一把双刃剑：一方面，对多种传统传染病的致病机理已研究清楚，可以行之有效地预防及治疗，常规的疫苗接种预防技术成熟，社会应对爆发性流行病机制逐渐完善，技术手段也更为科学、有效。另一方面，生物技术的谬用及负面作用带来巨大危机，如科学家对生物武器的研制开发，很可能会导致超级致病体在人群爆发，危及人类生存。而抗生素的滥用，也导致了致病因子不断变异，产生强抗药性的致病体，使我们对其的治疗束手无策。自 20 世纪 70 年代以来，全球新发传染病逐年增加，病原体变异速度加快，且发生多类新型传染病可以从动物界传染给人。我们都知道，新型致病体的产生或致病体的进化变异永远都走在人类的前面，因为不可知或难以预测，一般只有其爆发了造成危害之后，我们才能研究应对。因此，建立对潜在危险的流行病的预警机制，也应该成为国家生物安全的重要方面。人类面临的流行性传染病威胁依然非常严峻。

三、生物技术的负面作用与谬用

生物技术的发展在造福人类的同时，也蕴含着滥用及谬用的危险。如果生物技术被恶意谬用或误用，对人类社会带来的威胁在很大程度上将是毁灭性的。上面已经多次提到，现代生物技术特别是基因工程技术对人类的疾病治疗产生了变革性的影响，如基因治疗及高效疫苗制剂的发展，为治愈或预防多种疾病提供了广阔的前景，但同时亦增加了新型强致病体发展的风险。大规模微生物发酵、纯化及表达技术的高速发展，使我们可以轻松地制造出各类的微生物制剂及其产物，同时也给了恐怖主义分子得到生物战剂制造恐怖袭击的机会。转基因动植物及高效工程菌都是现代基因重组技术的产物，在带给我们便利的同时，也伴随着未知的对整个地球生态系统和人类健康的潜在风险。

早在20世纪70年代现代生物技术兴起伊始，部分的科学家就开始关注生物技术的谬用。2001年，美国“炭疽邮件”事件引起了国际社会对生物技术发展的反思，各国政府开始重视生物技术谬用风险问题。2003年，美国国家生物技术研究委员会在对国会提交的一份报告中首次提出关于生物医学研究的“双重应用研究”（Dual - use Research）一词，意思是指既可以为人类造福，但同时又可以用于恐怖目的的生物医学研究。该委员会还提出了七项需要立法限制的生物医学研究，包括疫苗失效技术、耐药性研究、增加或增强致病毒力研究、改变或增加感染宿主研究、增加致病体传染性研究、诊断和检测技术失效研究及生物制剂及其产物武器化研究，等等。但在科学界“学术自由”呼声一片的情况下，提出的七项限制并没有被科学家们践行。

2001年，澳大利亚发生鼠患，科学家把白细胞介素基因导入鼠天花病毒中，希望通过该病毒降低鼠群的生育能力从而达到消除鼠患的目的。结果是科学家获得了一种高致死的鼠天花工程病毒，可以导致机体的免疫保护机制完全失效，一些对鼠天花病毒本有免疫力的老鼠也不能幸免于难，该工程病毒造成鼠群的大量死亡。2003年，美国科学家也进行了此类研究，所得到的变异种毒性更大。2011年，荷兰的病毒学家Ron Fouchier在马耳他欧洲流感工作组会议上报告称，他们课题组通过基因工程技术使高致病H5N1流感病毒突变后能通过空气在雪貂中传播，变异后的病毒更具传染性及更有效。威斯康星大学麦迪逊分校Yoshihiro Kawaoka小组也进行了同样的变异禽流感研究。因为变种的新病毒极其危险，美国国家生物安全咨询委员会要求*Science*及*Nature*杂志暂缓发表他们的研究论文。2012年2月17日，世界卫生组织在日内瓦做出决定，出于对公众安全的考虑，暂不允许荷兰及美国的两个实验室对外公布对H5N1型高致病性禽流感变异病毒的研究数据。但Ron Fouchier和Yoshihiro Kawaoka的论文最终在2012年中期分别发表在*Science*和*Nature*上。专家认为，发表他们的研究成果利大于弊，因为只有不断发现病毒的新变化，人类才能对其的变异做更好的准备。但反对的科学家始终认为，将致命病毒变为高传染性病毒将使人类陷入可怕境地，而科学的公开必须要有例外。

2005 年 Taubenberg 等在 *Nature* 杂志发表了 1918 年高致病性流感病毒的全基因组序列。该论文最初也因为生物安全问题被当局认为不宜公开发表，但最终评估认为该研究结果对预防未来流感的大流行作用大于其潜在危险而被准予发表。到目前为止，包括天花、炭疽在内的 100 多种病原微生物及基因组序列储存在互联网开放数据库中，而这些数据如被掌握现代基因工程技术的恐怖分子加以利用，很可能会制造出对人类极具威胁的生物武器。

生物技术的两用性已引起了国际社会的高度重视，而科学家对此更负有不可推卸的重任。2005 年 11 月 7 日，国际科学院组织（Inter Academy Panel，IAP）发表了生物安全声明，其中提到“没有道德的知识简直就是灵魂的堕落”，对科学界发出警示，特别是对某些别有企图的科研组织或研究人员。如果我们的科学家没有一条不能逾越的自律准则或底线，那么掌握在他们手中的关键技术就有可能成为威胁全人类的、随时爆炸的原子弹。

四、转基因生物安全

中国自古就有“民以食为天”，是“舌尖”上之大国，而随着人民生活水平的提高，人们更加注重健康和安全。目前，食品安全问题已经成为我国的舆论焦点，而转基因食品安全则成为国家与民众关注焦点的热点之一。

1. 转基因食品（Genetically Modified Foods，简称 GMF）

是利用现代分子生物技术，将人工分离或修饰过的基因导入到目标生物中，以改造目标生物的遗传结构，使其在种植、营养品质或消费品质等方面符合人们所需，而以转基因生物为直接食品或为原料加工生产的食品就是“转基因食品”。转基因技术将其他生物基因包括病毒、细菌或非食物品种的外源基因，甚至还有抗生素抗性的标记基因导入食用作物或禽畜中，使转基因生物的遗传代谢特性发生改变，但这些改变对人类健康及生态系统的危害目前尚没有定论，而转基因生物技术就在质疑和争论中发展着。

2. 转基因现状

目前，转基因作物的主要类型为抗除草剂、抗虫、抗病和抗逆等，转基因大豆、转基因玉米和抗虫棉等转基因作物相继获得成功，大大提高了农作物的种植及营养品质。如在常见农作物中导入苏云金芽孢杆菌即 Bt 基因，该基因能产生一种杀虫毒蛋白，可以将一些植食性害虫杀死，从而降低杀虫剂的使用量。这种毒蛋白只对特定昆虫有效，尚没有数据显示其对人类或其他哺乳动物有致毒和致敏作用。

转基因作物自 1996 年产业化以来，发展非常迅猛，品种培育速度加快，产业化应用规模加大，近 10 年来产品推广区域和种植面积不断扩大，尤其是在第三世界国家。2014 年，国际农业生物技术应用服务组织（ISAAA）数据显示，到 2013 年全球种植转基因作物的面积达到 1.75 亿公顷，同比增加 3%，转基因作物种植国共 27 个，其中 19 个为发展中国家，8 个为发达国家。美国的转基因作物种植面积达到 7020 万公顷，是世界上最大的转基因作物种植国家，而巴西为 4030 万公顷，列居第二，其次为阿根廷、印度、加拿大、中国、巴拉圭、南非和巴基斯坦。中国名列第六位，种植面积为 4030 万公顷。

美国一直是全世界最大的转基因作物种植和产品生产国，也是第一个将转基因食品商品化的国家。欧洲国家民众对转基因食品普遍呈抵触情绪，而政府的推广也较为消极。我国基于人口大国粮食安全的重要性，长期支持转基因领域的研究工作，但对于转基因作物的商业推广一直非常谨慎，目前我国主要种植两种转基因作物——棉花和木瓜。2009 年，农业部批准了华中农业大学张启发教授科研组申请的“华恢 1 号”“Bt 汕优 63”两种转基因水稻的安全证书，这是我国首次为转基因水稻颁发安全证书，由此引发社会上的争论和忧虑。近日，农业部办公厅在《2014 年农业科技教育与环保能源工作要点》提出：“继续坚定不移地推进转基因重大专项深入实施，加快转基因优质棉、抗虫及抗旱玉米、抗除草剂大豆、高品质奶牛等重大新品种培育，推动产品研发、安全评价与品种审定有机衔接。引导骨干种子企业参与实施转基因生物新品种培育重大专项，承担生物育种能力建设和产业化专项任务”，此举重新体现了我国政府对转基因作物重视的决心和期待。

但中国政府也一直非常重视转基因作物及转基因食品的安全性问题。2000 年，我国签署了《国际生物多样性公约》下的《卡塔赫纳生物安全议定书》，该议定书涉及转基因生物及其产品的安全性问题内容。政府同时也颁发了多项相关的法规以规范转基因植物与食品研究、试验与推广的安全性保障。上面也提到，政府对转基因作物的商业推广一直都是持谨慎态度的，反映了我国政府也在艰难地权衡利害关系，即沉重的人口粮食需求与可能承担现代生物技术带来的潜在巨大风险的矛盾关系。

3. 人们对转基因的态度

关于转基因食品的争议由来已久，因为生物技术存在不确定性，而转基因生物在对人类健康、生态系统及社会伦理各方面也提出了新的挑战，转基因食品的安全性问题成为全球热点争论问题。面对转基因生物可能潜在的风险，人类社会的态度主要分为三种，即支持、反对和持中立保持态度。

支持派：相比欧盟和中国，美国政府对转基因支持态度更为明确。2013年，转基因巨头孟山都的首席技术官 Robert Fraley 获得了世界粮食奖——国际上在农业领域的最高荣誉奖。世界粮食奖基金会主席 Kenneth Quinn 在颁奖典礼上发表说："他们的发明导致科学家把遗传特性转进植物，产生了更好的抗旱、抗高温、抗虫和抗病的特性。如果我们屈服于这种转基因食品对人类和环境有害的争论，那就是贬低我们授予的奖赏。"

实质等同性原则：由于转基因食品中的某些成分是传统食品中从来没有的，而这些改变带来的风险目前还没有可靠的技术手段进行评估。到目前为止，国际上普遍采用实质等同性原则为依据对转基因食品进行安全性评价。该原则于 1993 年由经济合作与发展组织（OECD）首次提出，认为如果转基因食品的主要营养成分、过敏性成分及抗营养物质等的组成与含量与同类传统食品没有明显差异，则认为两者具有实质等同性，不存在安全性问题；但上述成分两者存在明显差异，则为无实质等同性，其安全性问题需要进行严格验证。该原则认为实质等同性原则可以证明转基因食品并不比传统食品不安全，但并不能证明其是绝对安全的。1996 年，联合国粮食及农业组织及世界卫生组织认同了实质等同性原则用于评价转基因食品安全性的科学性。

反对与质疑派：由柴卫东著作的《生化超限战：转基因食品和疫苗的阴谋》是反转基因的代表作之一，描述了转基因背后的操控力量，即人口控制寡头的阴谋；而旅德经济学家、地缘政治学者威廉·恩道尔（F. William Engdahl）在《粮食危机：一场不为人知的阴谋》一书中也揭示了地球的少数人以基因工程为手段围绕粮食正在进行的一场不为人知的阴谋。威廉·恩道尔还表示，到目前为止还没有证据表明转基因作物能够提高产量，而事实是栽培转基因作物一段时间后，除草剂的用量不是减少而是增多了。

关于政治、宗教等意识形态范畴的怀疑和纷争在这里就不多加讨论了，反对派主要关注的转基因安全性问题涉及以下几个方面：

转基因食品的毒性与过敏性：转基因食品在加工的过程中如操作不当导致

毒性蛋白过量表达或是引入新的过敏源，则可能会引起人类的不良反应，增加人类的健康风险。

抗性基因的转移：转基因生物中通常含有抗生素标记筛选基因，而抗性基因的水平转移是一个极具争议的话题。如转基因作物的抗性基因转移给环境中杂草或昆虫，就会产生具有抗性的杂草和昆虫变种，这些变异的品种因为其强悍的抗性对生态环境产生的危害目前还无法估量；更加可怕的是，如果抗生素的抗性基因被转移到人或动物的肠道微生物，这些细菌就会产生抗生素抗性，那么传统的抗生素治疗就会对其失去效用。

转基因食品的营养价值：因为转基因过程具有一定的不确定性，如外源基因的来源、导入位点具有一定的随机性，那么极有可能会产生 DNA 缺少、错码等突变，导致表达出来的蛋白质形状或数量等与我们的期望不符；另一方面，这种改变了的蛋白质是否会被人体有效利用或者是否会导致机体营养紊乱，这也是一直以来备受争议的问题。

转基因生物体对生态系统的威胁：转基因生物作为自然系统中从来没有存在过的新的生物体，也可以理解为是另一种意义上的外来物种，那么这种外来物种是否会威胁到土著生态系统中的生物多样性，这也是一个需要长期论证的现实问题。

潜在风险：转基因的长效危害，即对人类的繁衍、生态安全的潜在威胁，是否在很多年后其累积效应才会体现出来，而到时是否已为时已晚?

下面，简单给大家介绍一下近年来关于转基因食品的有争议事件：

巴西坚果事件：1994 年，美国先锋种子公司将巴西坚果中编码 2S albumin 蛋白质的基因导入大豆中以提高大豆的营养品质。因为某些人会对巴西坚果过敏，因此研究人员对转染 2S albumin 的转基因大豆进行测试，发现这种转基因大豆同样可以导致人产生过敏反应，即 2S albumin 蛋白质很可能就是巴西坚果的主要过敏源，这项研究计划也被随之取消。该事件也是到目前为止所发现的因过敏而未被商业化生产的转基因食品案例。

普斯泰（Pusztai）事件：1998 年，苏格兰 Rowett 研究所的科学家阿帕得·普斯泰发表电视讲话称，在用导入雪花莲凝集素基因的转基因马铃薯喂食大鼠的实验中，发现大鼠的体重和器官重量急剧下降，且实验大鼠的免疫系统遭到破坏。普斯泰的言论在国际舆论中引发了激烈的争论，并在欧洲掀起了反转基因食品的热潮。但随后，普斯泰的实验数据受到质疑。1999 年，英国皇家学会专家评审会指出普斯泰的实验存在六大失误和缺陷，没有统计学意义，因此其结论是不可靠的。随后，普斯泰被 Rowett 研究所宣布提前退休，被迫终止其学术生涯。

帝王蝶事件：1999 年康奈尔大学昆虫学教授洛希（Losey）进行帝王蝶幼虫进食转基因抗虫玉米粉实验，发现被转基因抗虫玉米花粉饲喂的幼虫生长缓慢，并且死亡率高达 44%，研究结果表明转基因抗虫作物同样对非目标昆虫产生威胁，该论文发表在著名杂志 *Nature* 上。但随后，美国环境保护局（EPA）组织专家对帝王蝶问题进行专题研究，最终认为在田间转基因抗虫玉米对帝王蝶并没有威胁。

转基因玉米事件：2007 年，奥地利维也纳大学兽医学教授约尔根·泽特克（Juergen Zentek）研究小组发现孟山都公司的转基因玉米对老鼠的生殖能力有潜在的危险。2007—2009 年，法国分子内分泌学家塞拉利尼（Gilles - Eric Seralini）小组对孟山都转基因玉米进行毒性实验研究，也发现实验老鼠在进食转基因玉米三个月后，老鼠的肝、肾及心脏功能均受到不同程度的不良影响。但两个科研小组的实验结论均受到同行专家和孟山都的否定。

黄金大米事件：2008 年，美国塔夫茨大学的华裔女教授唐广文领导的研究小组，利用湖南的农村儿童进行转基因“黄金大米”的人体试验，研究转基因“黄金大米”补充维生素 A 的有效性。2012 年被国际绿色和平组织揭露，批评该研究非常不负责任。事件的发展一波三折，并触动了国人对转基因食品的敏感神经，由此引发社会热议。

转基因玉米致癌事件：2012 年，法国卡昂大学科学家研究指出，实验老鼠长期食用转基因玉米可导致易患肿瘤及多种器官损害。该研究结果引起国际社会的广泛关注和激烈的争论，在人们对转基因食品的安全性产生怀疑的同时，转基因巨头及政府的威信也同样遭到挑战。欧洲食品安全局指出，该研究鼠种选择、样本量（太少）、统计方法等方面均存在问题，因此实验结论是不科学及不可靠的。

五、外来生物入侵

目前，地球上的生物多样性急剧下降，生物物种每年以 0.1 ~ 1.1 的速率在减少，对生态系统造成了极大的威胁。除了人为因素，如环境污染、资源过度开发外，生物入侵也是物种锐减的另一主要原因。

生物入侵是指生物经自然的或人为的途径由原生存地侵入另一个新环境，对入侵地的生态系统生物多样性、农林牧渔业生产以及人类健康造成经济损失或生态灾难的过程。外来入侵物种是指对生态系统和人类社会及健康带来威胁的外来生物种，包括植物、动物和微生物。外来入侵物种因为缺少天敌，可以大量繁殖，严重危害入侵地的农、林及畜牧业，甚至直接威胁人类健康。它们会排挤及逐渐取代土著物种，威胁当地的生物多样性，瓦解生态系统的功能，引起物种消失及灭绝，造成人类社会巨大的经济及生态损失。目前，我国至少有500种入侵生物，而危害严重，大面积发生的达100多种，面临的外来物种入侵形势非常严峻。

六、实验室生物安全

实验室生物安全主要体现在对微生物特别是病原微生物的收集、研究、遗传改造等，在此过程中的任何操作不当，如操作人员不慎感染或意外泄漏，都会对人类社会造成极大的安全威胁。实验室安全主要涉及生物实验室的管理、风险评估及风险控制、实验室生物安全防护水平分级、实验室设计原则及基本要求、实验室设施和设备要求等，因篇幅原因，在这里就不多赘述，我国的实验室生物安全通用要求请参见GB19489-2008。

七、结语

综上所述，生物安全不仅关系环境、社会及人民健康安全，而且关系国防安全与国家安全，更关系一个国家的国际地位。因此，我们对生物安全问题和与之相关的国际形势必须保存清醒的认识，才能有利于我国的长治久安。自2003年SARS事件以来，我国政府对生物安全问题给予空前的重视，加大了生物安全基础研究及技术发展的力度，相关法规和公共卫生管理系统也在逐渐完善，生物安全能力显著增强。但我们也应该认识到，相对美国和其他发达国家，我国的生物安全应对能力还是偏弱。在未来的发展中，我们应该着眼于建立完善、健全的生物安全管理法规和机构，进一步提高突发公共卫生事件的应对能力，显著加强生物防御能力，有效地保护生态资源和多样性，提高民众的生物安全意识，增强国际交流与合作，才能在严峻的国际安全环境中掌握主动权，实施科技兴国！

附录

《农业转基因生物安全管理条例》

（2001 年 5 月 23 日 国务院令第 304 号）

第一章　总则

第一条　为了加强农业转基因生物安全管理，保障人体健康和动植物、微生物安全，保护生态环境，促进农业转基因生物技术研究，制定本条例。

第二条　在中华人民共和国境内从事农业转基因生物的研究、试验、生产、加工、经营和进口、出口活动，必须遵守本条例。

第三条　本条例所称农业转基因生物，是指利用基因工程技术改变基因组构成，用于农业生产或者农产品加工的动植物、微生物及其产品，主要包括：

（一）转基因动植物（含种子、种畜禽、水产苗种）和微生物；

（二）转基因动植物、微生物产品；

（三）转基因农产品的直接加工品；

（四）含有转基因动植物、微生物或者其产品成分的种子、种畜禽、水产苗种、农药、兽药、肥料和添加剂等产品。

本条例所称农业转基因生物安全，是指防范农业转基因生物对人类、动植物、微生物和生态环境构成的危险或者潜在风险。

第四条　国务院农业行政主管部门负责全国农业转基因生物安全的监督管理工作。

县级以上地方各级人民政府农业行政主管部门负责本行政区域内的农业转基因生物安全的监督管理工作。县级以上各级人民政府卫生行政主管部门依照《中华人民共和国食品卫生法》的有关规定，负责转基因食品卫生安全的监督管理工作。

第五条　国务院建立农业转基因生物安全管理部际联席会议制度。

农业转基因生物安全管理部际联席会议由农业、科技、环境保护、卫生、外经贸、检验检疫等有关部门的负责人组成，负责研究、协调农业转基因生物安全管理工作中的重大问题。

第六条　国家对农业转基因生物安全实行分级管理评价制度。

农业转基因生物按照其对人类、动植物、微生物和生态环境的危险程度，分为Ⅰ、Ⅱ、Ⅲ、Ⅳ四个等级。具体划分标准由国务院农业行政主管部门制定。

第七条　国家建立农业转基因生物安全评价制度。

农业转基因生物安全评价的标准和技术规范，由国务院农业行政主管部门制定。

第八条　国家对农业转基因生物实行标识制度。

实施标识管理的农业转基因生物目录，由国务院农业行政主管部门商国务院有关部门制定、调整并公布。

第二章　研究与试验

第九条　国务院农业行政主管部门应当加强农业转基因生物研究与试验的安全评价管理工作，并设立农业转基因生物安全委员会，负责农业转基因生物的安全评价工作。

农业转基因生物安全委员会由从事农业转基因生物研究、生产、加工、检验检疫以及卫生、环境保护等方面的专家组成。

第十条　国务院农业行政主管部门根据农业转基因生物安全评价工作的需要，可以委托具备检测条件和能力的技术检测机构对农业转基因生物进行检测。

第十一条　从事农业转基因生物研究与试验的单位，应当具备与安全等级相适应的安全设施和措施，确保农业转基因生物研究与试验的安全，并成立农业转基因生物安全小组，负责本单位农业转基因生物研究与试验的安全工作。

第十二条　从事Ⅲ、Ⅳ级农业转基因生物研究的，应当在研究开始前向国务院农业行政主管部门报告。

第十三条　农业转基因生物试验，一般应当经过中间试验、环境释放和生产性试验三个阶段。中间试验，是指在控制系统内或者控制条件下进行的小规模试验。环境释放，是指在自然条件下采取相应安全措施所进行的中规模的试验。生产性试验，是指在生产和应用前进行的较大规模的试验。

第十四条　农业转基因生物在实验室研究结束后，需要转入中间试验的，试验单位应当向国务院农业行政主管部门报告。

第十五条　农业转基因生物试验需要从上一试验阶段转入下一试验阶段的，试验单位应当向国务院农业行政主管部门提出申请；经农业转基因生物安全委员会进行安全评价合格的，由国务院农业行政主管部门批准转入下一试验阶段。

试验单位提出前款申请，应当提供下列材料：

（一）农业转基因生物的安全等级和确定安全等级的依据；

（二）农业转基因生物技术检测机构出具的检测报告；

（三）相应的安全管理、防范措施；

（四）上一试验阶段的试验报告。

第十六条　从事农业转基因生物试验的单位在生产性试验结束后，可以向国务院农业行政主管部门申请领取农业转基因生物安全证书。

试验单位提出前款申请，应当提供下列材料：

（一）农业转基因生物的安全等级和确定安全等级的依据；

（二）农业转基因生物技术检测机构出具的检测报告；

（三）生产性试验的总结报告；

（四）国务院农业行政主管部门规定的其他材料。

国务院农业行政主管部门收到申请后，应当组织农业转基因生物安全委员会进行安全评价；安全评价合格的，方可颁发农业转基因生物安全证书。

第十七条　转基因植物种子、种畜禽、水产苗种，利用农业转基因生物生产的或者含有农业转基因生物成分的种子、种畜禽、水产苗种、农药、兽药、肥料和添加剂等，在依照有关法律、行政法规的规定进行审定、登记或者评价、审批前，应当依照本条例第十六条的规定取得农业转基因生物安全证书。

第十八条　中外合作、合资或者外方独资在中华人民共和国境内从事农业转基因生物研究与试验的，应当经国务院农业行政主管部门批准。

第三章　生产与加工

第十九条　生产转基因植物种子、种畜禽、水产苗种，应当取得国务院农业行政主管部门颁发的种子、种畜禽、水产苗种生产许可证。

生产单位和个人申请转基因植物种子、种畜禽、水产苗种生产许可证，除应当符合有关法律、行政法规规定的条件外，还应当符合下列条件：

（一）取得农业转基因生物安全证书并通过品种审定；

（二）在指定的区域种植或者养殖；

（三）有相应的安全管理、防范措施；

（四）国务院农业行政主管部门规定的其他条件。

第二十条　生产转基因植物种子、种畜禽、水产苗种的单位和个人，应当建立生产档案，载明生产地点、基因及其来源、转基因的方法以及种子、种畜禽、水产苗种流向等内容。

第二十一条　单位和个人从事农业转基因生物生产、加工的，应当由国务院农业行政主管部门或者省、自治区、直辖市人民政府农业行政主管部门批准。具体办法由国务院农业行政主管部门制定。

第二十二条　农民养殖、种植转基因动植物的，由种子、种畜禽、水产苗种销售单位依照本条例第二十一条的规定代办审批手续。审批部门和代办单位不得向农民收取审批、代办费用。

第二十三条　从事农业转基因生物生产、加工的单位和个人，应当按照批准的品种、范围、安全管理要求和相应的技术标准组织生产、加工，并定期向所在地县级人民政府农业行政主管部门提供生产、加工、安全管理情况和产品流向的报告。

第二十四条　农业转基因生物在生产、加工过程中发生基因安全事故时，生产、加工单位和个人应当立即采取安全补救措施，并向所在地县级人民政府农业行政主管部门报告。

第二十五条　从事农业转基因生物运输、贮存的单位和个人，应当采取与农业转基因生物安全等级相适应的安全控制措施，确保农业转基因生物运输、贮存的安全。

第四章　经营

第二十六条　经营转基因植物种子、种畜禽、水产苗种的单位和个人，应当取得国务院农业行政主管部门颁发的种子、种畜禽、水产苗种经营许可证。

经营单位和个人申请转基因植物种子、种畜禽、水产苗种经营许可证，除应当符合有关法律、行政法规规定的条件外，还应当符合下列条件：

（一）有专门的管理人员和经营档案；

（二）有相应的安全管理、防范措施；

（三）国务院农业行政主管部门规定的其他条件。

第二十七条　经营转基因植物种子、种畜禽、水产苗种的单位和个人，应当建立经营档案，载明种子、种畜禽、水产苗种的来源、贮存，运输和销售去向等内容。

第二十八条　在中华人民共和国境内销售列入农业转基因生物目录的农业转基因生物，应当有明显的标识。

列入农业转基因生物目录的农业转基因生物，由生产、分装单位和个人负责标识；未标识的，不得销售。经营单位和个人在进货时，应当对货物和标识进行核对。经营单位和个人拆开原包装进行销售的，应当重新标识。

第二十九条　农业转基因生物标识应当载明产品中含有转基因成分的主要原料名称；有特殊销售范围要求的，还应当载明销售范围，并在指定范围内销售。

第三十条　农业转基因生物的广告，应当经国务院农业行政主管部门审查批准后，方可刊登、播放、设置和张贴。

第五章　进口与出口

第三十一条　从中华人民共和国境外引进农业转基因生物用于研究、试验的，引进单位应当向国务院农业行政主管部门提出申请；符合下列条件的，国务院农业行政主管部门方可批准：

（一）具有国务院农业行政主管部门规定的申请资格；

（二）引进的农业转基因生物在国（境）外已经进行了相应的研究、试验；

（三）有相应的安全管理、防范措施。

第三十二条　境外公司向中华人民共和国出口转基因植物种子、种畜禽、水产苗种和利用农业转基因生物生产的或者含有农业转基因生物成分的植物种子、种畜禽、水产苗种、农药、兽药、肥料和添加剂的，应当向国务院农业行政主管部门提出申请；符合下列条件的，国务院农业行政主管部门方可批准试验材料入境并依照本条例的规定进行中间试验、环境释放和生产性试验：

（一）输出国家或者地区已经允许作为相应用途并投放市场；

（二）输出国家或者地区经过科学试验证明对人类、动植物、微生物和生态环境无害；

（三）有相应的安全管理、防范措施。

生产性试验结束后，经安全评价合格，并取得农业转基因生物安全证书后，方可依照有关法律、行政法规的规定办理审定、登记或者评价、审批手续。

第三十三条　境外公司向中华人民共和国出口农业转基因生物用作加工原料的，应当向国务院农业行政主管部门提出申请；符合下列条件，并经安全评价合格的，由国务院农业行政主管部门颁发农业转基因生物安全证书：

（一）输出国家或者地区已经允许作为相应用途并投放市场；

（二）输出国家或者地区经过科学试验证明对人类、动植物、微生物和生态环境无害；

（三）经农业转基因生物技术检测机构检测，确认对人类、动植物、微生物和生态环境不存在危险；

（四）有相应的安全管理、防范措施。

第三十四条　从中华人民共和国境外引进农业转基因生物的，或者向中华人民共和国出口农业转基因生物的，引进单位或者境外公司应当凭国务院农业行政主管部门颁发的农业转基因生物安全证书和相关批准文件，向口岸出入境检验检疫机构报检；经检疫合格后，方可向海关申请办理有关手续。

第三十五条　农业转基因生物在中华人民共和国过境转移的，货主应当事先向国家出入境检验检疫部门提出申请；经批准方可过境转移，并遵守中华人民共和国有关法律、行政法规的规定。

第三十六条　国务院农业行政主管部门、国家出入境检验检疫部门应当自收到申请人申请之日起 270 日内作出批准或者不批准的决定，并通知申请人。

第三十七条　向中华人民共和国境外出口农产品，外方要求提供非转基因农产品证明的，由口岸出入境检验检疫机构根据国务院农业行政主管部门发布的转基因农产品信息，进行检测并出具非转基因农产品证明。

第三十八条　进口农业转基因生物，没有国务院农业行政主管部门颁发的农业转基因生物安全证书和相关批准文件的，或者与证书、批准文件不符的，作退货或者销毁处理。进口农业转基因生物不按照规定标识的，重新标识后方可入境。

第六章　监督检查

第三十九条　农业行政主管部门履行监督检查职责时，有权采取下列措施：

（一）询问被检查的研究、试验、生产、加工、经营或者进口、出口的单位和个人、利害关系人、证明人，并要求其提供与农业转基因生物安全有关的证明材料或者其他资料；

（二）查阅或者复制农业转基因生物研究、试验、生产、加工、经营或者进口、出口的有关档案、账册和资料等；

（三）要求有关单位和个人就有关农业转基因生物安全的问题做出说明；

（四）责令违反农业转基因生物安全管理的单位和个人停止违法行为；

（五）在紧急情况下，对非法研究、试验、生产、加工、经营或者进口、出口的农业转基因生物实施封存或者扣押。

第四十条　农业行政主管部门工作人员在监督检查时，应当出示执法证件。

第四十一条　有关单位和个人对农业行政主管部门的监督检查，应当予以支持、配合，不得拒绝、阻碍监督检查人员依法执行职务。

第四十二条　发现农业转基因生物对人类、动植物和生态环境存在危险时，国务院农业行政主管部门有权宣布禁止生产、加工、经营和进口，收回农业转基因生物安全证书，销毁有关存在危险的农业转基因生物。

第七章　罚则

第四十三条　违反本条例规定，从事Ⅲ、Ⅳ级农业转基因生物研究或者进行中间试验，未向国务院农业行政主管部门报告的，由国务院农业行政主管部门责令暂停研究或者中间试验，限期改正。

第四十四条　违反本条例规定，未经批准擅自从事环境释放、生产性试验的，已获批准但未按照规定采取安全管理、防范措施的，或者超过批准范围进行试验的，由国务院农业行政主管部门或者省、自治区、直辖市人民政府农业行政主管部门依据职权，责令停止试验，并处1万元以上5万元以下的罚款。

第四十五条　违反本条例规定，在生产性试验结束后，未取得农业转基因生物安全证书，擅自将农业转基因生物投入生产和应用的，由国务院农业行政主管部门责令停止生产和应用，并处 2 万元以上 10 万元以下的罚款。

第四十六条　违反本条例第十八条规定，未经国务院农业行政主管部门批准，从事农业转基因生物研究与试验的，由国务院农业行政主管部门责令立即停止研究与试验，限期补办审批手续。

第四十七条　违反本条例规定，未经批准生产、加工农业转基因生物或者未按照批准的品种、范围、安全管理要求和技术标准生产、加工的，由国务院农业行政主管部门或者省、自治区、直辖市人民政府农业行政主管部门依据职权，责令停止生产或者加工，没收违法生产或者加工的产品及违法所得；违法所得 10 万元以上的，并处违法所得 1 倍以上 5 倍以下的罚款；没有违法所得或者违法所得不足 10 万元的，并处 10 万元以上 20 万元以下的罚款。

第四十八条　违反本条例规定，转基因植物种子、种畜禽、水产苗种的生产、经营单位和个人，未按照规定制作、保存生产、经营档案的，由县级以上人民政府农业行政主管部门依据职权，责令改正，处 1000 元以上 1 万元以下的罚款。

第四十九条　违反本条例规定，转基因植物种子、种畜禽、水产苗种的销售单位，不履行审批手续代办义务或者在代办过程中收取代办费用的，由国务院农业行政主管部门责令改正，处 2 万元以下的罚款。

第五十条　违反本条例规定，未经国务院农业行政主管部门批准，擅自进口农业转基因生物的，由国务院农业行政主管部门责令停止进口，没收已进口的产品和违法所得；违法所得 10 万元以上的，并处违法所得 1 倍以上 5 倍以下的罚款；没有违法所得或者违法所得不足 10 万元的，并处 10 万元以上 20 万元以下的罚款。

第五十一条　违反本条例规定，进口、携带、邮寄农业转基因生物未向口岸出入境检验检疫机构报检的，或者未经国家出入境检验检疫部门批准过境转移农业转基因生物的，由口岸出入境检验检疫机构或者国家出入境检验检疫部门比照进出境动植物检疫法的有关规定处罚。

第五十二条　违反本条例关于农业转基因生物标识管理规定的，由县级以上人民政府农业行政主管部门依据职权，责令限期改正，可以没收非法销售的产品和违法所得，并可以处 1 万元以上 5 万元以下的罚款。

第五十三条　假冒、伪造、转让或者买卖农业转基因生物有关证明文书的，由县级以上人民政府农业行政主管部门依据职权，收缴相应的证明文书，并处 2 万元以上 10 万元以下的罚款；构成犯罪的，依法追究刑事责任。

第五十四条　违反本条例规定，在研究、试验、生产、加工、贮存、运输、销售或者进口、出口农业转基因生物过程中发生基因安全事故，造成损害的，依法承担赔偿责任。

第五十五条　国务院农业行政主管部门或者省、自治区、直辖市人民政府农业行政主管部门违反本条例规定核发许可证、农业转基因生物安全证书以及其他批准文件的，或者核发许可证、农业转基因生物安全证书以及其他批准文件后不履行监督管理职责的，对直接负责的主管人员和其他直接责任人员依法给予行政处分；构成犯罪的，依法追究刑事责任。

第八章　附则

第五十六条　本条例自公布之日起施行。

《转基因食品卫生管理办法》

（2002年4月8日，中华人民共和国卫生部第28号令）

第一章 总则

第一条 为了加强对转基因食品的监督管理，保障消费者的健康权和知情权，根据《中华人民共和国食品卫生法》（以下简称《食品卫生法》）和《农业转基因生物安全管理条例》，制定本办法。

第二条 本办法所称转基因食品，系指利用基因工程技术改变基因组构成的动物、植物和微生物生产的食品和食品添加剂，包括：

（一）转基因动植物、微生物产品；

（二）转基因动植物、微生物直接加工品；

（三）以转基因动植物、微生物或者其直接加工品为原料生产的食品和食品添加剂。

第三条 转基因食品作为一类新资源食品，须经卫生部审查批准后方可生产或者进口。未经卫生部审查批准的转基因食品不得生产或者进口，也不得用作食品或食品原料。

第四条 转基因食品应当符合《食品卫生法》及其有关法规、规章、标准的规定，不得对人体造成急性、慢性或其他潜在性健康危害。

第五条 转基因食品的食用安全性和营养质量不得低于对应的原有食品。

第六条 转基因食品的生产企业须达到国家有关食品生产企业卫生规范的要求。

转基因食品的生产经营者应当保证所生产经营的转基因食品的食用安全性

和营养质量。

转基因食品的生产者应当保留转基因食品进（出）货记录，包括进（出）货单位、地址、数量，相关记录至少保留两年备查。

第二章　食用安全性与营养质量评价

第七条　卫生部建立转基因食品食用安全性和营养质量评价制度。

卫生部制定和颁布转基因食品食用安全性和营养质量评价规程及有关标准。

第八条　转基因食品食用安全性和营养质量评价采用危险性评价、实质等同、个案处理等原则。

第九条　卫生部设立转基因食品专家委员会，负责转基因食品食用安全性与营养质量的评价工作。委员会由食品安全、营养和基因工程等方面的专家组成。

第十条　卫生部根据转基因食品食用安全性和营养质量评价工作的需要，认定具备条件的检验机构承担对转基因食品食用安全性与营养质量评价的验证工作。

第三章　申报与批准

第十一条　生产或者进口转基因食品必须向卫生部提出申请，并提交下列材料：

（一）申请表；

（二）国家有关部门颁发的批准文件；

（三）企业标准；

（四）食用安全性的保证措施；

（五）设计包装及标识样稿；

（六）与食用安全性和营养质量评价有关的技术资料；

（七）申请单位对转基因食品食用安全性和营养质量评价报告和卫生部认定的检验机构出具的对转基因食品食用安全性和营养质量评价的验证报告；

（八）其他有助于转基因食品食用安全性与营养质量评价的资料。

第十二条　本办法第十一条第（六）项规定的转基因食品食用安全性和营

养质量评价有关的技术资料包括：

（一）转基因食品的（物种）名称；

（二）转基因食品的理化特性、用途与需要强调的功能；

（三）转基因食品可能的食品加工方式与终产品种类以及主要食物成分（包括营养和有害成分）；

（四）基因修饰的目的与预期技术效果，以及对食品产品特性的预期影响；

（五）基因供体的名称、特性、食用史；载体物质的来源、特性、功能、食用史；基因插入的位点及特性；

（六）引入基因所表达产物的名称、特性、功能及含量；

（七）表达产物的已知或可疑致敏性和毒性，以及含有此种表达产物食用安全性的依据；

（八）可能产生的非期望效应（包括代谢产物的评价）。

第十三条　申请进口转基因食品的除必须提交本办法第十一条、第十二条规定的材料外，还应当提供出口国（地区）政府批准在本国（地区）生产、经营、使用的证明文件。

第十四条　卫生部自受理转基因食品申请之日起六个月内做出是否批准的决定。

第十五条　批准的转基因食品，由卫生部列入可用于食品生产、经营的转基因食品品种目录。

第四章　标　识

第十六条　食品产品中（包括原料及其加工的食品）含有基因修饰有机体或/和表达产物的，要标注“转基因××食品”或“以转基因××食品为原料”。

转基因食品来自潜在致敏食物的，还要标注“本品转××食物基因，对××食物过敏者注意”。

第十七条　转基因食品采用下列方式标注：

（一）定型包装的，在标签的明显位置上标注；

（二）散装的，在价签上或另行设置的告示牌上标注；

（三）转运的，在交运单上标注；

（四）进口的，在贸易合同和报关单上标注。

第十八条　转基因食品的标签应当真实、客观，不得有下列内容：

（一）明示或暗示可以治疗疾病；

（二）虚假、夸大宣传产品的作用；

（三）卫生部规定的禁止标识的其他内容。

第五章　监　督

第十九条　卫生部对已经批准生产或者进口的转基因食品发现有下列情形之一的，进行重新评价：

（一）对转基因食品食用安全性和营养质量的科学认识发生改变的；

（二）转基因食品食用安全性和营养质量受到质疑的；

（三）其他原因需要重新评价的。

第二十条　卫生部对转基因食品的生产经营组织定期或者不定期监督抽查，并向社会公布监督抽查结果。

第二十一条　卫生部认定的转基因食品食用安全性和营养质量检验机构须按照卫生部制定的规程及有关标准进行评价。

对出具虚假检验报告或者疏于管理难以保证检验质量的，由卫生部责令改正，并予以通报批评；情节严重的，收回认定资格。

第二十二条　从事转基因食品检验、评审和监督工作的人员应当具备相应的专业素质和职业道德。

第二十三条　转基因食品生产经营的经常性卫生监督管理，按照《食品卫生法》及有关规定执行。

第六章　附则

第二十四条　违反本办法，由卫生行政部门按照《食品卫生法》的有关规定进行处罚。

第二十五条　本办法由卫生部负责解释。

第二十六条　本办法自 2002 年 7 月 1 日起施行。

《实验室生物安全通用要求》

（GB19489－2008）

1　范围

本标准规定了对不同生物安全防护级别实验室的设施、设备和安全管理的基本要求。

第5章以及6.1和6.2是对生物安全实验室的基础要求，需要时，适用于更高防护水平的生物安全实验室以及动物生物安全实验室。

针对与感染动物饲养相关的实验室活动，本标准规定了对实验室内动物饲养设施和环境的基本要求。需要时，6.3和6.4适用于相应防护水平的动物生物安全实验室。

本标准适用于涉及生物因子操作的实验室。

2　术语和定义

下列术语和定义适用于本标准：

2.1 气溶胶 aerosols

悬浮于气体介质中的粒径一般为0.001μm～100μm的固态或液态微小粒子形成的相对稳定的分散体系。

2.2 事故 accident

造成死亡、疾病、伤害、损坏以及其他损失的意外情况。

2.3 气锁 air lock

具备机械送排风系统、整体消毒灭菌条件、化学喷淋（适用时）和压力可监控的气密室，其门具有互锁功能，不能同时处于开启状态。

2.4 生物因子 biological agents

微生物和生物活性物质。

2.5 生物安全柜 biological safety cabinet，BSC

具备气流控制及高效空气过滤装置的操作柜，可有效降低实验过程中产生的有害气溶胶对操作者和环境的危害。

2.6 缓冲间 buffer room

设置在被污染概率不同的实验室区域间的密闭室，需要时，设置机械通风系统，其门具有互锁功能，不能同时处于开启状态。

2.7 定向气流 directional airflow

特指从污染概率小区域流向污染概率大区域的受控制的气流。

2.8 危险 hazard

可能导致死亡、伤害或疾病、财产损失、工作环境破坏或这些情况组合的根源或状态。

2.9 危险识别 hazard identification

识别存在的危险并确定其特性的过程。

2.10 高效空气过滤器（HEPA 过滤器）high efficiency particulate air filter

通常以 0.3μm 微粒为测试物，在规定的条件下滤除效率高于 99.97% 的空气过滤器。

2.11 事件 incident

导致或可能导致事故的情况。

2.12 实验室 laboratory

涉及生物因子操作的实验室。

2.13 实验室生物安全 laboratory biosafety

实验室的生物安全条件和状态不低于容许水平，可避免实验室人员、来访人员、社区及环境受到不可接受的损害，符合相关法规、标准等对实验室生物安全责任的要求。

2.14 实验室防护区 laboratory containment area

实验室的物理分区，该区域内生物风险相对较大，需对实验室的平面设计、围护结构的密闭性、气流，以及人员进入、个体防护等进行控制的区域。

2.15 材料安全数据单 material safety data sheet，MSDS

详细提供某材料的危险性和使用注意事项等信息的技术通报。

2.16 个体防护装备 personal protective equipment，PPE

防止人员个体受到生物性、化学性或物理性等危险因子伤害的器材和用品。

2.17 风险 risk

危险发生的概率及其后果严重性的综合。

2.18 风险评估 risk assessment

评估风险大小以及确定是否可接受的全过程。

2.19 风险控制 risk control

为降低风险而采取的综合措施。

3 风险评估及风险控制

3.1 实验室应建立并维持风险评估和风险控制程序，以持续进行危险识别、风险评估和实施必要的控制措施。实验室需要考虑的内容包括：

3.1.1 当实验室活动涉及致病性生物因子时，实验室应进行生物风险评估。风险评估应考虑（但不限于）下列内容：

a）生物因子已知或未知的特性，如生物因子的种类、来源、传染性、传播途径、易感性、潜伏期、剂量—效应（反应）关系、致病性（包括急性与远期效应）、变异性、在环境中的稳定性、与其他生物和环境的交互作用、相关实验数据、流行病学资料、预防和治疗方案等；

b）适用时，实验室本身或相关实验室已发生的事故分析；

c）实验室常规活动和非常规活动过程中的风险（不限于生物因素），包括所有进入工作场所的人员和可能涉及的人员（如：合同方人员）的活动；

d）设施、设备等相关的风险；

e）适用时，实验动物相关的风险；

f）人员相关的风险，如身体状况、能力、可能影响工作的压力等；

g）意外事件、事故带来的风险；

h）被误用和恶意使用的风险；

i）风险的范围、性质和时限性；

j）危险发生的概率评估；

k）可能产生的危害及后果分析；

l）确定可接受的风险；

m）适用时，消除、减少或控制风险的管理措施和技术措施，及采取措施后残余风险或新带来风险的评估；

n）适用时，运行经验和所采取的风险控制措施的适应程度评估；

o）适用时，应急措施及预期效果评估；

p）适用时，为确定设施设备要求、识别培训需求、开展运行控制提供的输入信息；

q）适用时，降低风险和控制危害所需资料、资源（包括外部资源）的评估；

r）对风险、需求、资源、可行性、适用性等的综合评估。

3.1.2 应事先对所有拟从事活动的风险进行评估，包括对化学、物理、辐射、电气、水灾、火灾、自然灾害等的风险进行评估。

3.1.3 风险评估应由具有经验的专业人员（不限于本机构内部的人员）进行。

3.1.4 应记录风险评估过程，风险评估报告应注明评估时间、编审人员和所依据的法规、标准、研究报告、权威资料、数据等。

3.1.5 应定期进行风险评估或对风险评估报告复审，评估的周期应根据实验室活动和风险特征而确定。

3.1.6 开展新的实验室活动或欲改变经评估过的实验室活动（包括相关的设施、设备、人员、活动范围、管理等），应事先或重新进行风险评估。

3.1.7 操作超常规量或从事特殊活动时，实验室应进行风险评估，以确定其生物安全防护要求，适用时，应经过相关主管部门的批准。

3.1.8 当发生事件、事故等时应重新进行风险评估。

3.1.9 当相关政策、法规、标准等发生改变时应重新进行风险评估。

3.1.10 采取风险控制措施时宜首先考虑消除危险源（如果可行），然后再考虑降低风险（降低潜在伤害发生的可能性或严重程度），最后考虑采用个体防护装备。

3.1.11 危险识别、风险评估和风险控制的过程不仅适用于实验室、设施设备的常规运行，而且适用于对实验室、设施设备进行清洁、维护或关停期间。

3.1.12 除考虑实验室自身活动的风险外，还应考虑外部人员活动、使用外部提供的物品或服务所带来的风险。

3.1.13 实验室应有机制监控其所要求的活动，以确保相关要求及时并有效地得以实施。

3.2 实验室风险评估和风险控制活动的复杂程度决定于实验室所存在危险的特性，适用时，实验室不一定需要复杂的风险评估和风险控制活动。

3.3 风险评估报告应是实验室采取风险控制措施、建立安全管理体系和制定安全操作规程的依据。

3.4 风险评估所依据的数据及拟采取的风险控制措施、安全操作规程等应以国家主管部门和世界卫生组织、世界动物卫生组织、国际标准化组织等机构或行业权威机构发布的指南、标准等为依据；任何新技术在使用前应经过充分验证，适用时，应得到相关主管部门的批准。

3.5 风险评估报告应得到实验室所在机构生物安全主管部门的批准；对未列入国家相关主管部门发布的病原微生物名录的生物因子的风险评估报告，适用时，应得到相关主管部门的批准。

4 实验室生物安全防护水平分级

4.1 根据对所操作生物因子采取的防护措施，将实验室生物安全防护水平分为一级、二级、三级和四级，一级防护水平最低，四级防护水平最高。依据国家相关规定：

a）生物安全防护水平为一级的实验室适用于操作在通常情况下不会引起人类或者动物疾病的微生物；

b）生物安全防护水平为二级的实验室适用于操作能够引起人类或者动物疾病，但一般情况下对人、动物或者环境不构成严重危害，传播风险有限，实验室感染后很少引起严重疾病，并且具备有效治疗和预防措施的微生物；

c）生物安全防护水平为三级的实验室适用于操作能够引起人类或者动物严重疾病，比较容易直接或者间接在人与人、动物与人、动物与动物间传播的微生物；

d）生物安全防护水平为四级的实验室适用于操作能够引起人类或者动物非常严重疾病的微生物，以及我国尚未发现或者已经宣布消灭的微生物。

4.2 以 BSL-1、BSL-2、BSL-3、BSL-4（bio-safety level，BSL）表示仅从事体外操作的实验室的相应生物安全防护水平。

4.3 以 ABSL-1、ABSL-2、ABSL-3、ABSL-4（animal bio-safety level，ABSL）表示包括从事动物活体操作的实验室的相应生物安全防护水平。

4.4 根据实验活动的差异、采用的个体防护装备和基础隔离设施的不同，实验室分以下情况：

4.4.1 操作通常认为非经空气传播致病性生物因子的实验室。

4.4.2 可有效利用安全隔离装置（如：生物安全柜）操作常规量经空气传播致病性生物因子的实验室。

4.4.3 不能有效利用安全隔离装置操作常规量经空气传播致病性生物因子的实验室。

4.4.4 利用具有生命支持系统的正压服操作常规量经空气传播致病性生物因子的实验室。

4.5 应依据国家相关主管部门发布的病原微生物分类名录，在风险评估的基础上，确定实验室的生物安全防护水平。

5 实验室设计原则及基本要求

5.1 实验室选址、设计和建造应符合国家和地方环境保护和建设主管部门等的规定和要求。

5.2 实验室的防火和安全通道设置应符合国家的消防规定和要求，同时应考虑生物安全的特殊要求；必要时，应事先征询消防主管部门的建议。

5.3 实验室的安全保卫应符合国家相关部门对该类设施的安全管理规定和要求。

5.4 实验室的建筑材料和设备等应符合国家相关部门对该类产品生产、销售和使用的规定和要求。

5.5 实验室的设计应保证对生物、化学、辐射和物理等危险源的防护水平控制在经过评估的可接受程度，为关联的办公区和邻近的公共空间提供安全的工作环境，以及防止危害环境。

5.6 实验室的走廊和通道应不妨碍人员和物品通过。

5.7 应设计紧急撤离路线，紧急出口应有明显的标志。

5.8 房间的门根据需要安装门锁，门锁应便于内部快速打开。

5.9 需要时（如：正当操作危险材料时），房间的入口处应有警示和进入限制。

5.10 应评估生物材料、样本、药品、化学品和机密资料等被误用、被偷盗和被不正当使用的风险，并采取相应的物理防范措施。

5.11 应有专门设计以确保存储、转运、收集、处理和处置危险物料的安全。

5.12 实验室内温度、湿度、照度、噪声和洁净度等室内环境参数应符合工作要求和卫生等相关要求。

5.13 实验室设计还应考虑节能、环保及舒适性要求，应符合职业卫生要求和人机工效学要求。

5.14 实验室应有防止节肢动物和啮齿动物进入的措施。

5.15 动物实验室的生物安全防护设施还应考虑对动物呼吸、排泄、毛发、抓咬、挣扎、逃逸、动物实验（如：染毒、医学检查、取样、解剖、检验等）、动物饲养、动物尸体及排泄物的处置等过程产生的潜在生物危险的防护。

5.16 应根据动物的种类、身体大小、生活习性、实验目的等选择具有适当防护水平的、适用于动物的饲养设施、实验设施、消毒灭菌设施和清洗设施等。

5.17 不得循环使用动物实验室排出的空气。

5.18 动物实验室的设计，如：空间、进出通道、解剖室、笼具等应考虑动物实验及动物福利的要求。

5.19 适用时，动物实验室还应符合国家实验动物饲养设施标准的要求。

6 实验室设施和设备要求

6.1 BSL－1 实验室

6.1.1 实验室的门应有可视窗并可锁闭，门锁及门的开启方向应不妨碍室内人员逃生。

6.1.2 应设洗手池，宜设置在靠近实验室的出口处。

6.1.3 在实验室门口处应设存衣或挂衣装置，可将个人服装与实验室工作服分开放置。

6.1.4 实验室的墙壁、天花板和地面应易清洁、不渗水、耐化学品和消毒灭菌剂的腐蚀。地面应平整、防滑，不应铺设地毯。

6.1.5 实验室台柜和座椅等应稳固，边角应圆滑。

6.1.6 实验室台柜等和其摆放应便于清洁，实验台面应防水、耐腐蚀、耐热和坚固。

6.1.7 实验室应有足够的空间和台柜等摆放实验室设备和物品。

6.1.8 应根据工作性质和流程合理摆放实验室设备、台柜、物品等，避免相互干扰、交叉污染，并应不妨碍逃生和急救。

6.1.9 实验室可以利用自然通风。如果采用机械通风，应避免交叉污染。

6.1.10 如果有可开启的窗户，应安装可防蚊虫的纱窗。

6.1.11 实验室内应避免不必要的反光和强光。

6.1.12 若操作刺激或腐蚀性物质，应在30m内设洗眼装置，必要时应设紧急喷淋装置。

6.1.13 若操作有毒、刺激性、放射性挥发物质，应在风险评估的基础上，配备适当的负压排风柜。

6.1.14 若使用高毒性、放射性等物质，应配备相应的安全设施、设备和个体防护装备，应符合国家、地方的相关规定和要求。

6.1.15 若使用高压气体和可燃气体，应有安全措施，应符合国家、地方的相关规定和要求。

6.1.16 应设应急照明装置。

6.1.17 应有足够的电力供应。

6.1.18 应有足够的固定电源插座，避免多台设备使用共同的电源插座。应有可靠的接地系统，应在关键节点安装漏电保护装置或监测报警装置。

6.1.19 供水和排水管道系统应不渗漏，下水应有防回流设计。

6.1.20 应配备适用的应急器材，如消防器材、意外事故处理器材、急救器材等。

6.1.21 应配备适用的通讯设备。

6.1.22 必要时，应配备适当的消毒灭菌设备。

6.2 BSL-2实验室

6.2.1 适用时，应符合6.1的要求。

6.2.2 实验室主入口的门、放置生物安全柜实验间的门应可自动关闭；实验室主入口的门应有进入控制措施。

6.2.3 实验室工作区域外应有存放备用物品的条件。

6.2.4 应在实验室工作区配备洗眼装置。

6.2.5 应在实验室或其所在的建筑内配备高压蒸汽灭菌器或其他适当的消毒灭菌设备，所配备的消毒灭菌设备应以风险评估为依据。

6.2.6 应在操作病原微生物样本的实验间内配备生物安全柜。

6.2.7 应按产品的设计要求安装和使用生物安全柜。如果生物安全柜的排风在室内循环，室内应具备通风换气的条件；如果使用需要管道排风的生物安全柜，应通过独立于建筑物其他公共通风系统的管道排出。

6.2.8 应有可靠的电力供应。必要时，重要设备（如：培养箱、生物安全柜、冰箱等）应配置备用电源。

6.3　BSL－3 实验室

6.3.1　平面布局

6.3.1.1 实验室应明确区分辅助工作区和防护区，应在建筑物中自成隔离区或为独立建筑物，应有出入控制。

6.3.1.2 防护区中直接从事高风险操作的工作间为核心工作间，人员应通过缓冲间进入核心工作间。

6.3.1.3 适用于4.4.1 的实验室辅助工作区应至少包括监控室和清洁衣物更换间；防护区应至少包括缓冲间（可兼作脱防护服间）及核心工作间。

6.3.1.4 适用于4.4.2 的实验室辅助工作区应至少包括监控室、清洁衣物更换间和淋浴间；防护区应至少包括防护服更换间、缓冲间及核心工作间。

6.3.1.5 适用于4.4.2 的实验室核心工作间不宜直接与其他公共区域相邻。

6.3.1.6 如果安装传递窗，其结构承压力及密闭性应符合所在区域的要求，并具备对传递窗内物品进行消毒灭菌的条件。必要时，应设置具备送排风或自净化功能的传递窗，排风应经 HEPA 过滤器过滤后排出。

6.3.2　围护结构

6.3.2.1 围护结构（包括墙体）应符合国家对该类建筑的抗震要求和防火要求。

6.3.2.2 天花板、地板、墙间的交角应易清洁和消毒灭菌。

6.3.2.3 实验室防护区内围护结构的所有缝隙和贯穿处的接缝都应可靠密封。

6.3.2.4 实验室防护区内围护结构的内表面应光滑、耐腐蚀、防水，以易于清洁和消毒灭菌。

6.3.2.5 实验室防护区内的地面应防渗漏、完整、光洁、防滑、耐腐蚀、不起尘。

6.3.2.6 实验室内所有的门应可自动关闭，需要时，应设观察窗；门的开启方向不应妨碍逃生。

6.3.2.7 实验室内所有窗户应为密闭窗，玻璃应耐撞击、防破碎。

6.3.2.8 实验室及设备间的高度应满足设备的安装要求，应有维修和清洁空间。

6.3.2.9 在通风空调系统正常运行状态下，采用烟雾测试等目视方法检查实验室防护区内围护结构的严密性时，所有缝隙应无可见泄漏（参见附录 A）。

6.3.3 通风空调系统

6.3.3.1 应安装独立的实验室送排风系统，应确保在实验室运行时气流由低风险区向高风险区流动，同时确保实验室空气只能通过 HEPA 过滤器过滤后经专用的排风管道排出。

6.3.3.2 实验室防护区房间内送风口和排风口的布置应符合定向气流的原则，利于减少房间内的涡流和气流死角；送排风应不影响其他设备（如：II 级生物安全柜）的正常功能。

6.3.3.3 不得循环使用实验室防护区排出的空气。

6.3.3.4 应按产品的设计要求安装生物安全柜和其排风管道，可以将生物安全柜排出的空气排入实验室的排风管道系统。

6.3.3.5 实验室的送风应经过 HEPA 过滤器过滤，宜同时安装初效和中效过滤器。

6.3.3.6 实验室的外部排风口应设置在主导风的下风向（相对于送风口），与送风口的直线距离应大于 12 m，应至少高出本实验室所在建筑的顶部 2 m，应有防风、防雨、防鼠、防虫设计，但不应影响气体向上空排放。

6.3.3.7 HEPA 过滤器的安装位置应尽可能靠近送风管道在实验室内的送风口端和排风管道在实验室内的排风口端。

6.3.3.8 应可以在原位对排风 HEPA 过滤器进行消毒灭菌和检漏（参见附录 A）。

6.3.3.9 如在实验室防护区外使用高效过滤器单元，其结构应牢固，应能承受 2500 Pa 的压力；高效过滤器单元的整体密封性应达到在关闭所有通路并维持腔室内的温度在设计范围上限的条件下，若使空气压力维持在 1000 Pa 时，腔室内每分钟泄漏的空气量应不超过腔室净容积的 0.1%。

6.3.3.10 应在实验室防护区送风和排风管道的关键节点安装生物型密闭阀，必要时，可完全关闭。应在实验室送风和排风总管道的关键节点安装生物型密闭阀，必要时，可完全关闭。

6.3.3.11 生物型密闭阀与实验室防护区相通的送风管道和排风管道应牢固、易消毒灭菌、耐腐蚀、抗老化，宜使用不锈钢管道；管道的密封性应达到在关闭所有通路并维持管道内的温度在设计范围上限的条件下，若使空气压力维持在 500 Pa 时，管道内每分钟泄漏的空气量应不超过管道内净容积的0.2%。

6.3.3.12 应有备用排风机。应尽可能减少排风机后排风管道正压段的长度，该段管道不应穿过其他房间。

6.3.3.13 不应在实验室防护区内安装分体空调。

6.3.4　供水与供气系统

6.3.4.1 应在实验室防护区内的实验间的靠近出口处设置非手动洗手设施；如果实验室不具备供水条件，则应设非手动洗手消毒灭菌装置。

6.3.4.2 应在实验室的给水与市政给水系统之间设防回流装置。

6.3.4.3 进出实验室的液体和气体管道系统应牢固、不渗漏、防锈、耐压、耐温（冷或热）、耐腐蚀。应有足够的空间清洁、维护和维修实验室内暴露的管道，应在关键节点安装截止阀、防回流装置或 HEPA 过滤器等。

6.3.4.4 如果有供气（液）罐等，应放在实验室防护区外易更换和维护的位置，安装牢固，不应将不相容的气体或液体放在一起。

6.3.4.5 如果有真空装置，应有防止真空装置的内部被污染的措施；不应将真空装置安装在实验场所之外。

6.3.5　污物处理及消毒灭菌系统

6.3.5.1 应在实验室防护区内设置生物安全型高压蒸汽灭菌器。宜安装专用的双扉高压灭菌器，其主体应安装在易维护的位置，与围护结构的连接之处应可靠密封。

6.3.5.2 对实验室防护区内不能高压灭菌的物品应有其他消毒灭菌措施。

6.3.5.3 高压蒸汽灭菌器的安装位置不应影响生物安全柜等安全隔离装置的气流。

6.3.5.4 如果设置传递物品的渡槽，应使用强度符合要求的耐腐蚀性材料，并方便更换消毒灭菌液。

6.3.5.5 淋浴间或缓冲间的地面液体收集系统应有防液体回流的装置。

6.3.5.6 实验室防护区内如果有下水系统，应与建筑物的下水系统完全隔离；下水应直接通向本实验室专用的消毒灭菌系统。

6.3.5.7 所有下水管道应有足够的倾斜度和排量，确保管道内不存水；管道的关键节点应按需要安装防回流装置、存水弯（深度应适用于空气压差的变化）或密闭阀门等；下水系统应符合相应的耐压、耐热、耐化学腐蚀的要求，安装牢固，无泄漏，便于维护、清洁和检查。

6.3.5.8 应使用可靠的方式处理处置污水（包括污物），并应对消毒灭菌效果进行监测，以确保达到排放要求。

6.3.5.9 应在风险评估的基础上，适当处理实验室辅助区的污水，并应监测，以确保排放到市政管网之前达到排放要求。

6.3.5.10 可以在实验室内安装紫外线消毒灯或其他适用的消毒灭菌装置。

6.3.5.11 应具备对实验室防护区及与其直接相通的管道进行消毒灭菌的条件。

6.3.5.12 应具备对实验室设备和安全隔离装置（包括与其直接相通的管道）进行消毒灭菌的条件。

6.3.5.13 应在实验室防护区内的关键部位配备便携的局部消毒灭菌装置（如：消毒喷雾器等），并备有足够的适用消毒灭菌剂。

6.3.6 电力供应系统

6.3.6.1 电力供应应满足实验室的所有用电要求，并应有冗余。

6.3.6.2 生物安全柜、送风机和排风机、照明、自控系统、监视和报警系统等应配备不间断备用电源，电力供应应至少维持 30 min。

6.3.6.3 应在安全的位置设置专用配电箱。

6.3.7 照明系统

6.3.7.1 实验室核心工作间的照度应不低于 350 lx，其他区域的照度应不低于 200 lx，宜采用吸顶式防水洁净照明灯。

6.3.7.2 应避免过强的光线和光反射。

6.3.7.3 应设不少于 30 min 的应急照明系统。

6.3.8 自控、监视与报警系统

6.3.8.1 进入实验室的门应有门禁系统，应保证只有获得授权的人员才能进入实验室。

6.3.8.2 需要时，应可立即解除实验室门的互锁；应在互锁门的附近设置紧急手动解除互锁开关。

6.3.8.3 核心工作间的缓冲间的入口处应有指示核心工作间工作状态的装置（如：文字显示或指示灯），必要时，应同时设置限制进入核心工作间的连锁机制。

6.3.8.4 启动实验室通风系统时，应先启动实验室排风，后启动实验室送风；关停时，应先关闭生物安全柜等安全隔离装置和排风支管密闭阀，再关实验室送风及密闭阀，后关实验室排风及密闭阀。

6.3.8.5 当排风系统出现故障时，应有机制避免实验室出现正压和影响定向气流。

6.3.8.6 当送风系统出现故障时，应有机制避免实验室内的负压影响实验室人员的安全、影响生物安全柜等安全隔离装置的正常功能和围护结构的完整性。

6.3.8.7 应通过对可能造成实验室压力波动的设备和装置实行连锁控制等措施，确保生物安全柜、负压排风柜（罩）等局部排风设备与实验室送排风系统之间的压力关系和必要的稳定性，并应在启动、运行和关停过程中保持有序的压力梯度。

6.3.8.8 应设装置连续监测送排风系统 HEPA 过滤器的阻力，需要时，及时更换 HEPA 过滤器。

6.3.8.9 应在有负压控制要求的房间入口的显著位置，安装显示房间负压状况的压力显示装置和控制区间提示。

6.3.8.10 中央控制系统应可以实时监控、记录和存储实验室防护区内有控制要求的参数、关键设施设备的运行状态；应能监控、记录和存储故障的现象、发生时间和持续时间；应可以随时查看历史记录。

6.3.8.11 中央控制系统的信号采集间隔时间应不超过 1 min，各参数应易于区分和识别。

6.3.8.12 中央控制系统应能对所有故障和控制指标进行报警，报警应区分一般报警和紧急报警。

6.3.8.13 紧急报警应为声光同时报警，应可以向实验室内外人员同时发出紧急警报；应在实验室核心工作间内设置紧急报警按钮。

6.3.8.14 应在实验室的关键部位设置监视器，需要时，可实时监视并录制实验室活动情况和实验室周围情况。监视设备应有足够的分辨率，影像存储介质应有足够的数据存储容量。

6.3.9 实验室通讯系统

6.3.9.1 实验室防护区内应设置向外部传输资料和数据的传真机或其他电子设备。

6.3.9.2 监控室和实验室内应安装语音通讯系统。如果安装对讲系统，宜采用向内通话受控、向外通话非受控的选择性通话方式。

6.3.9.3 通讯系统的复杂性应与实验室的规模和复杂程度相适应。

6.3.10 参数要求

6.3.10.1 实验室的围护结构应能承受送风机或排风机异常时导致的空气压力载荷。

6.3.10.2 适用于4.4.1的实验室核心工作间的气压（负压）与室外大气压的压差值应不小于30 Pa，与相邻区域的压差（负压）应不小于10 Pa；适用于4.4.2的实验室的核心工作间的气压（负压）与室外大气压的压差值应不小于40 Pa，与相邻区域的压差（负压）应不小于15 Pa。

6.3.10.3 实验室防护区各房间的最小换气次数应不小于12次/h。

6.3.10.4 实验室的温度宜控制在18℃～26℃范围内。

6.3.10.5 正常情况下，实验室的相对湿度宜控制在30%～70%范围内；消毒状态下，实验室的相对湿度应能满足消毒灭菌的技术要求。

6.3.10.6 在安全柜开启情况下，核心工作间的噪声应不大于68 dB（A）。

6.3.10.7 实验室防护区的静态洁净度应不低于8级水平。

6.4 BSL－4实验室

6.4.1 适用时，应符合6.3的要求。

6.4.2 实验室应建造在独立的建筑物内或建筑物中独立的隔离区域内，应有严格限制进入实验室的门禁措施，应记录进入人员的个人资料、进出时间、授权活动区域等信息；对与实验室运行相关的关键区域也应有严格和可靠的安保措施，避免非授权进入。

6.4.3 实验室的辅助工作区应至少包括监控室和清洁衣物更换间。适用于4.4.2的实验室防护区应至少包括防护走廊、内防护服更换间、淋浴间、外防护服更换间和核心工作间，外防护服更换间应为气锁。

6.4.4 适用于4.4.4的实验室的防护区应包括防护走廊、内防护服更换间、淋浴间、外防护服更换间、化学淋浴间和核心工作间。化学淋浴间应为气锁，具备对专用防护服或传递物品的表面进行清洁和消毒灭菌的条件，具备使用生命支持供气系统的条件。

6.4.5 实验室防护区的围护结构应尽量远离建筑外墙；实验室的核心工作间应尽可能设置在防护区的中部。

6.4.6 应在实验室的核心工作间内配备生物安全型高压灭菌器；如果配备双扉高压灭菌器，其主体所在房间的室内气压应为负压，并应设在实验室防护区内易更换和维护的位置。

6.4.7 如果安装传递窗，其结构承压力及密闭性应符合所在区域的要求；需要时，应配备符合气锁要求的并具备消毒灭菌条件的传递窗。

6.4.8 实验室防护区围护结构的气密性应达到在关闭受测房间所有通路并维持房间内的温度在设计范围上限的条件下，当房间内的空气压力上升到500 Pa后，20 min内自然衰减的气压小于250 Pa。

6.4.9 符合4.4.4要求的实验室应同时配备紧急支援气罐，紧急支援气罐的供气时间应不少于60 min/人。

6.4.10 生命支持供气系统应有自动启动的不间断备用电源供应，供电时间应不少于60 min。

6.4.11 供呼吸使用的气体的压力、流量、含氧量、温度、湿度、有害物质的含量等应符合职业安全的要求。

6.4.12 生命支持系统应具备必要的报警装置。

6.4.13 实验室防护区内所有区域的室内气压应为负压，实验室核心工作间的气压（负压）与室外大气压的压差值应不小于60 Pa，与相邻区域的压差（负压）应不小于25 Pa。

6.4.14 适用于4.4.2的实验室，应在Ⅲ级生物安全柜或相当的安全隔离装置内操作致病性生物因子；同时应具备与安全隔离装置配套的物品传递设备以及生物安全型高压蒸汽灭菌器。

6.4.15 实验室的排风应经过两级HEPA过滤器处理后排放。

6.4.16 应可以在原位对送风HEPA过滤器进行消毒灭菌和检漏。

6.4.17 实验室防护区内所有需要运出实验室的物品或其包装的表面应经过可靠消毒灭菌。

6.4.18 化学淋浴消毒灭菌装置应在无电力供应的情况下仍可以使用，消毒灭菌剂储存器的容量应满足所有情况下对消毒灭菌剂使用量的需求。

6.5 动物生物安全实验室

6.5.1 ABSL-1实验室

6.5.1.1 动物饲养间应与建筑物内的其他区域隔离。

6.5.1.2 动物饲养间的门应有可视窗，向里开；打开的门应能够自动关闭，需要时，可以锁上。

6.5.1.3 动物饲养间的工作表面应防水和易于消毒灭菌。

6.5.1.4 不宜安装窗户。如果安装窗户，所有窗户应密闭；需要时，窗户外部应装防护网。

6.5.1.5 围护结构的强度应与所饲养的动物种类相适应。

6.5.1.6 如果有地面液体收集系统，应设防液体回流装置，存水弯应有足够的深度。

6.5.1.7 不得循环使用动物实验室排出的空气。

6.5.1.8 应设置洗手池或手部清洁装置，宜设置在出口处。

6.5.1.9 宜将动物饲养间的室内气压控制为负压。

6.5.1.10 应可以对动物笼具清洗和消毒灭菌。

6.5.1.11 应设置实验动物饲养笼具或护栏，除考虑安全要求外还应考虑对动物福利的要求。

6.5.1.12 动物尸体及相关废物的处置设施和设备应符合国家相关规定的要求。

6.5.2 ABSL-2 实验室

6.5.2.1 适用时，应符合 6.5.1 的要求。

6.5.2.2 动物饲养间应在出入口处设置缓冲间。

6.5.2.3 应设置非手动洗手池或手部清洁装置，宜设置在出口处。

6.5.2.4 应在邻近区域配备高压蒸汽灭菌器。

6.5.2.5 适用时，应在安全隔离装置内从事可能产生有害气溶胶的活动；排气应经 HEPA 过滤器的过滤后排出。

6.5.2.6 应将动物饲养间的室内气压控制为负压，气体应直接排放到其所在的建筑物外。

6.5.2.7 应根据风险评估的结果，确定是否需要使用 HEPA 过滤器过滤动物饲养间排出的气体。

6.5.2.8 当不能满足 6.5.2.5 时，应使用 HEPA 过滤器过滤动物饲养间排出的气体。

6.5.2.9 实验室的外部排风口应至少高出本实验室所在建筑的顶部 2 m，应有防风、防雨、防鼠、防虫设计，但不应影响气体向上空排放。

6.5.2.10 污水（包括污物）应消毒灭菌处理，并应对消毒灭菌效果进行监测，以确保达到排放要求。

6.5.3 ABSL-3 实验室

6.5.3.1 适用时，应符合 6.5.2 的要求。

6.5.3.2 应在实验室防护区内设淋浴间，需要时，应设置强制淋浴装置。

6.5.3.3 动物饲养间属于核心工作间，如果有入口和出口，均应设置缓冲间。

6.5.3.4 动物饲养间应尽可能设在整个实验室的中心部位，不应直接与其他公共区域相邻。

6.5.3.5 适用于4.4.1实验室的防护区应至少包括淋浴间、防护服更换间、缓冲间及核心工作间。当不能有效利用安全隔离装置饲养动物时，应根据进一步的风险评估确定实验室的生物安全防护要求。

6.5.3.6 适用于4.4.3的动物饲养间的缓冲间应为气锁，并具备对动物饲养间的防护服或传递物品的表面进行消毒灭菌的条件。

6.5.3.7 适用于4.4.3的动物饲养间，应有严格限制进入动物饲养间的门禁措施（如：个人密码和生物学识别技术等）。

6.5.3.8 动物饲养间内应安装监视设备和通讯设备。

6.5.3.9 动物饲养间内应配备便携式局部消毒灭菌装置（如：消毒喷雾器等），并应备有足够的适用消毒灭菌剂。

6.5.3.10 应有装置和技术对动物尸体和废物进行可靠消毒灭菌。

6.5.3.11 应有装置和技术对动物笼具进行清洁和可靠消毒灭菌。

6.5.3.12 需要时，应有装置和技术对所有物品或其包装的表面在运出动物饲养间前进行清洁和可靠消毒灭菌。

6.5.3.13 应在风险评估的基础上，适当处理防护区内淋浴间的污水，并应对灭菌效果进行监测，以确保达到排放要求。

6.5.3.14 适用于4.4.3的动物饲养间，应根据风险评估的结果，确定其排出的气体是否需要经过两级HEPA过滤器的过滤后排出。

6.5.3.15 适用于4.4.3的动物饲养间，应可以在原位对送风HEPA过滤器进行消毒灭菌和检漏。

6.5.3.16 适用于4.4.1和4.4.2的动物饲养间的气压（负压）与室外大气压的压差值应不小于60 Pa，与相邻区域的压差（负压）应不小于15 Pa。

6.5.3.17 适用于4.4.3的动物饲养间的气压（负压）与室外大气压的压差值应不小于80 Pa，与相邻区域的压差（负压）应不小于25 Pa。

6.5.3.18 适用于4.4.3的动物饲养间及其缓冲间的气密性应达到在关闭受测房间所有通路并维持房间内的温度在设计范围上限的条件下，若使空气压力维持在250 Pa时，房间内每小时泄漏的空气量应不超过受测房间净容积的10%。

6.5.3.19 在适用于4.4.3的动物饲养间从事可传染人的病原微生物活动时，应根据进一步的风险评估确定实验室的生物安全防护要求；适用时，应经过相关主管部门的批准。

6.5.4 ABSL-4 实验室

6.5.4.1 适用时，应符合 6.5.3 的要求。

6.5.4.2 淋浴间应设置强制淋浴装置。

6.5.4.3 动物饲养间的缓冲间应为气锁。

6.5.4.4 应有严格限制进入动物饲养间的门禁措施。

6.5.4.5 动物饲养间的气压（负压）与室外大气压的压差值应不小于 100 Pa；与相邻区域的压差（负压）应不小于 25 Pa。

6.5.4.6 动物饲养间及其缓冲间的气密性应达到在关闭受测房间所有通路并维持房间内的温度在设计范围上限的条件下，当房间内的空气压力上升到 500 Pa 后，20 min 内自然衰减的气压小于 250 Pa。

6.5.4.7 应有装置和技术对所有物品或其包装的表面在运出动物饲养间前进行清洁和可靠消毒灭菌。

6.5.5 对从事无脊椎动物操作实验室设施的要求

6.5.5.1 该类动物设施的生物安全防护水平应根据国家相关主管部门的规定和风险评估的结果确定。

6.5.5.2 如果从事某些节肢动物（特别是可飞行、快爬或跳跃的昆虫）的实验活动，应采取以下适用的措施（但不限于）：

a）应通过缓冲间进入动物饲养间，缓冲间内应安装适用的捕虫器，并应在门上安装防节肢动物逃逸的纱网；

b）应在所有关键的可开启的门窗上安装防节肢动物逃逸的纱网；

c）应在所有通风管道的关键节点安装防节肢动物逃逸的纱网；应具备分房间饲养已感染和未感染节肢动物的条件；

d）应具备密闭和进行整体消毒灭菌的条件；

e）应设喷雾式杀虫装置；

f）应设制冷装置，需要时，可以及时降低动物的活动能力；

g）应有机制确保水槽和存水弯管内的液体或消毒灭菌液不干涸；

h）只要可行，应对所有废物高压灭菌；

i）应有机制监测和记录会飞、爬、跳跃的节肢动物幼虫和成虫的数量；

j）应配备适用于放置装蜱螨容器的油碟；

k）应具备带双层网的笼具以饲养或观察已感染或潜在感染的逃逸能力强的节肢动物；

l）应具备适用的生物安全柜或相当的安全隔离装置以操作已感染或潜在

感染的节肢动物；

m）应具备操作已感染或潜在感染的节肢动物的低温盘；

n）需要时，应设置监视器和通讯设备。

6.5.5.3 是否需要其他措施，应根据风险评估的结果确定。

7 管理要求

7.1 组织和管理

7.1.1 实验室或其母体组织应有明确的法律地位和从事相关活动的资格。

7.1.2 实验室所在的机构应设立生物安全委员会，负责咨询、指导、评估、监督实验室的生物安全相关事宜。实验室负责人应至少是所在机构生物安全委员会有职权的成员。

7.1.3 实验室管理层应负责安全管理体系的设计、实施、维持和改进，应负责：

a）为实验室所有人员提供履行其职责所需的适当权力和资源；

b）建立机制以避免管理层和实验室人员受任何不利于其工作质量的压力或影响（如：财务、人事或其他方面的），或卷入任何可能降低其公正性、判断力和能力的活动；

c）制定保护机密信息的政策和程序；

d）明确实验室的组织和管理结构，包括与其他相关机构的关系；

e）规定所有人员的职责、权力和相互关系；

f）安排有能力的人员，依据实验室人员的经验和职责对其进行必要的培训和监督；

g）指定一名安全负责人，赋予其监督所有活动的职责和权力，包括制定、维持、监督实验室安全计划的责任，阻止不安全行为或活动的权力，直接向决定实验室政策和资源的管理层报告的权力；

h）指定负责技术运作的技术管理层，并提供可以确保满足实验室规定的安全要求和技术要求的资源；

i）指定每项活动的项目负责人，其负责制定并向实验室管理层提交活动计划、风险评估报告、安全及应急措施、项目组人员培训及健康监督计划、安全保障及资源要求；

j）指定所有关键职位的代理人。

7.1.4 实验室安全管理体系应与实验室规模、实验室活动的复杂程度和风险相适应。

7.1.5 政策、过程、计划、程序和指导书等应文件化并传达至所有相关人员。实验室管理层应保证这些文件易于理解并可以实施。

7.1.6 安全管理体系文件通常包括管理手册、程序文件、说明及操作规程、记录等文件，应有供现场工作人员快速使用的安全手册。

7.1.7 应指导所有人员使用和应用与其相关的安全管理体系文件及其实施要求，并评估其理解和运用的能力。

7.2 管理责任

7.2.1 实验室管理层应对所有员工、来访者、合同方、社区和环境的安全负责。

7.2.2 应制定明确的准入政策并主动告知所有员工、来访者、合同方可能面临的风险。

7.2.3 应尊重员工的个人权利和隐私。

7.2.4 应为员工提供持续培训及继续教育的机会，保证员工可以胜任所分配的工作。

7.2.5 应为员工提供必要的免疫计划、定期的健康检查和医疗保障。

7.2.6 应保证实验室设施、设备、个体防护装备、材料等符合国家有关的安全要求，并定期检查、维护、更新，确保不降低其设计性能。

7.2.7 应为员工提供符合要求的适用防护用品和器材。

7.2.8 应为员工提供符合要求的适用实验物品和器材。

7.2.9 应保证员工不疲劳工作和不从事风险不可控制的或国家禁止的工作。

7.3 个人责任

7.3.1 应充分认识和理解所从事工作的风险。

7.3.2 应自觉遵守实验室的管理规定和要求。

7.3.3 在身体、状态许可的情况下，应接受实验室的免疫计划和其他的健康管理规定。

7.3.4 应按规定正确使用设施、设备和个体防护装备。

7.3.5 应主动报告可能不适于从事特定任务的个人状态。

7.3.6 不应因人事、经济等任何压力而违反管理规定。

7.3.7 有责任和义务避免因个人原因造成生物安全事件或事故。

7.3.8 如果怀疑个人受到感染，应立即报告。

7.3.9 应主动识别任何危险和不符合规定的工作，并立即报告。

7.4　安全管理体系文件

7.4.1　实验室安全管理的方针和目标

7.4.1.1 在安全管理手册中应明确实验室安全管理的方针和目标。安全管理的方针应简明扼要，至少包括以下内容：

a）实验室遵守国家以及地方相关法规和标准的承诺；

b）实验室遵守良好职业规范、安全管理体系的承诺；

c）实验室安全管理的宗旨。

7.4.1.2 实验室安全管理的目标应包括实验室的工作范围、对管理活动和技术活动制定的安全指标，应明确、可考核。

7.4.1.3 应在风险评估的基础上确定安全管理目标，并根据实验室活动的复杂性和风险程度定期评审安全管理目标和制定监督检查计划。

7.4.2　安全管理手册

7.4.2.1 应对组织结构、人员岗位及职责、安全及安保要求、安全管理体系、体系文件架构等进行规定和描述。安全要求不能低于国家和地方的相关规定及标准的要求。

7.4.2.2 应明确规定管理人员的权限和责任，包括保证其所管人员遵守安全管理体系要求的责任。

7.4.2.3 应规定涉及的安全要求和操作规程应以国家主管部门和世界卫生组织、世界动物卫生组织、国际标准化组织等机构或行业权威机构发布的指南或标准等为依据，并符合国家相关法规和标准的要求；任何新技术在使用前应经过充分验证，适用时，应得到国家相关主管部门的批准。

7.4.3　程序文件

7.4.3.1 应明确规定实施具体安全要求的责任部门、责任范围、工作流程及责任人、任务安排及对操作人员能力的要求、与其他责任部门的关系、应使用的工作文件等。

7.4.3.2　应满足实验室实施所有的安全要求和管理要求的需要，工作流程清晰，各项职责得到落实。

7.4.4　说明及操作规程

7.4.4.1 应详细说明使用者的权限及资格要求、潜在危险、设施设备的功能、活动目的和具体操作步骤、防护和安全操作方法、应急措施、文件制定的依据等。

7.4.4.2 实验室应维持并合理使用实验室涉及的所有材料的最新安全数据单。

7.4.5 安全手册

7.4.5.1 应以安全管理体系文件为依据，制定实验室安全手册（快速阅读文件）；应要求所有员工阅读安全手册并在工作区随时可供使用；安全手册宜包括（但不限于）以下内容：

a）紧急电话、联系人；

b）实验室平面图、紧急出口、撤离路线；

c）实验室标识系统；

d）生物危险；

e）化学品安全；

f）辐射；

g）机械安全；

h）电气安全；

i）低温、高热；

j）消防；

k）个体防护；

l）危险废物的处理和处置；

m）事件、事故处理的规定和程序；

n）从工作区撤离的规定和程序。

7.4.5.2 安全手册应简明、易懂、易读，实验室管理层应至少每年对安全手册评审和更新。

7.4.6 记录

7.4.6.1 应明确规定对实验室活动进行记录的要求，至少应包括：记录的内容、记录的要求、记录的档案管理、记录使用的权限、记录的安全、记录的保存期限等。保存期限应符合国家和地方法规或标准的要求。

7.4.6.2 实验室应建立对实验室活动记录进行识别、收集、索引、访问、存放、维护及安全处置的程序。

7.4.6.3 原始记录应真实并可以提供足够的信息，保证可追溯性。

7.4.6.4 对原始记录的任何更改均不应影响识别被修改的内容，修改人应签字和注明日期。

7.4.6.5 所有记录应易于阅读，便于检索。

7.4.6.6 记录可存储于任何适当的媒介，应符合国家和地方的法规或标准的要求。

7.4.6.7 应具备适宜的记录存放条件，以防损坏、变质、丢失或未经授权的进入。

7.4.7　标识系统

7.4.7.1 实验室用于标示危险区、警示、指示、证明等的图文标识是管理体系文件的一部分，包括用于特殊情况下的临时标识，如“污染”“消毒中”“设备检修”等。

7.4.7.2 标识应明确、醒目和易区分。只要可行，应使用国际、国家规定的通用标识。

7.4.7.3 应用系统应清晰地标示出危险区，且应适用于相关的危险。在某些情况下，宜同时使用标识和物理屏障标示出危险区。

7.4.7.4 应清楚地标示出具体的危险材料、危险源，包括：生物危险、有毒有害、腐蚀性、辐射、刺伤、电击、易燃、易爆、高温、低温、强光、振动、噪声、动物咬伤、砸伤等；需要时，应同时提示必要的防护措施。

7.4.7.5 应在须验证或校准的实验室设备的明显位置注明设备的可用状态、验证周期、下次验证或校准的时间等信息。

7.4.7.6 实验室入口处应有标识，明确说明生物防护级别、操作的致病性生物因子、实验室负责人姓名、紧急联络方式和国际通用的生物危险符号；适用时，应同时注明其他危险。

7.4.7.7 实验室所有房间的出口和紧急撤离路线应有在无照明的情况下也可清楚识别的标识。

7.4.7.8 实验室的所有管道和线路应有明确、醒目和易区分的标识。

7.4.7.9 所有操作开关应有明确的功能指示标识，必要时，还应采取防止误操作或恶意操作的措施。

7.4.7.10 实验室管理层应负责定期（至少每12个月一次）评审实验室标识系统，需要时及时更新，以确保其适用现有的危险。

7.5　文件控制

7.5.1 实验室应对所有管理体系文件进行控制，制定和维持文件控制程序，确保实验室人员使用现行有效的文件。

7.5.2 应将受控文件备份存档，并规定其保存期限。文件可以用任何适当的媒介保存，不限定为纸张。

7.5.3 应有相应的程序以保证：

a）管理体系所有的文件应在发布前经过授权人员的审核与批准；

b）动态维持文件清单控制记录，并可以识别现行有效的文件版本及发放情况；

c）在相关场所只有现行有效的文件可供使用；

d）定期评审文件，需要修订的文件经授权人员审核与批准后及时发布；

e）及时撤掉无效或已废止的文件，或可以确保不误用；

f）适当标注存留或归档的已废止文件，以防误用。

7.5.4 如果实验室的文件控制制度允许在换版之前对文件手写修改，应规定修改程序和权限。修改之处应有清晰的标注、签署并注明日期。被修改的文件应按程序及时发布。

7.5.5 应制定程序规定如何更改和控制保存在计算机系统中的文件。

7.5.6 安全管理体系文件应具备唯一识别性，文件中应包括以下信息：

a）标题；

b）文件编号、版本号、修订号；

c）页数；

d）生效日期；

e）编制人、审核人、批准人；

f）参考文献或编制依据。

7.6 安全计划

7.6.1 实验室安全负责人应负责制定年度安全计划，安全计划应经过管理层的审核与批准。需要时，实验室安全计划应包括（不限于）：

a）实验室年度工作安排的说明和介绍；

b）安全和健康管理目标；

c）风险评估计划；

d）程序文件与标准操作规程的制定与定期评审计划；

e）人员教育、培训及能力评估计划；

f）实验室活动计划；

g）设施设备校准、验证和维护计划；

h）危险物品使用计划；

i）消毒灭菌计划；

j）废物处置计划；

k）设备淘汰、购置、更新计划；

l）演习计划（包括泄漏处理、人员意外伤害、设施设备失效、消防、应急预案等）；

m）监督及安全检查计划（包括核查表）；

n）人员健康监督及免疫计划；

o）审核与评审计划；

p）持续改进计划；

q）外部供应与服务计划；

r）行业最新进展跟踪计划；

s）与生物安全委员会相关的活动计划。

7.7 安全检查

7.7.1 实验室管理层应负责实施安全检查，每年应至少根据管理体系的要求系统性地检查一次，对关键控制点可根据风险评估报告适当增加检查频率，以保证：

a）设施设备的功能和状态正常；

b）警报系统的功能和状态正常；

c）应急装备的功能及状态正常；

d）消防装备的功能及状态正常；

e）危险物品的使用及存放安全；

f）废物处理及处置的安全；

g）人员能力及健康状态符合工作要求；

h）安全计划实施正常；

i）实验室活动的运行状态正常；

j）不符合规定的工作及时得到纠正；

k）所需资源满足工作要求。

7.7.2 为保证检查工作的质量，应依据事先制定的适用于不同工作领域的核查表实施检查。

7.7.3 当发现不符合规定的工作、发生事件或事故时，应立即查找原因并评估后果；必要时，停止工作。

7.7.4 生物安全委员会应参与安全检查。

7.7.5 外部的评审活动不能代替实验室的自我安全检查。

7.8 不符合项的识别和控制

7.8.1　当发现有任何不符合实验室所制定的安全管理体系的要求时，实验室管理层应按需要采取以下措施（不限于）：

a）将解决问题的责任落实到个人；

b）明确规定应采取的措施；

c）只要发现很有可能造成感染事件或其他损害，立即终止实验室活动并报告；

d）立即评估危害并采取应急措施；

e）分析产生不符合项的原因和影响范围，只要适用，应及时采取补救措施；

f）进行新的风险评估；

g）采取纠正措施并验证有效；

h）明确规定恢复工作的授权人及责任；

i）记录每一不符合项及其处理的过程并形成文件；

7.8.2 实验室管理层应按规定的周期评审不符合项报告，以发现趋势并采取预防措施。

7.9　纠正措施

7.9.1 纠正措施程序中应包括识别问题发生的根本原因的调查程序。纠正措施应与问题的严重性及风险的程度相适应。只要适用，应及时采取预防措施。

7.9.2　实验室管理层应将因纠正措施所致的管理体系的任何改变文件化并实施。

7.9.3　实验室管理层应负责监督和检查所采取纠正措施的效果，以确保这些措施已有效解决了识别出的问题。

7.10　预防措施

7.10.1 应识别无论是技术还是管理体系方面的不符合项来源和所需的改进，定期进行趋势分析和风险分析，包括对外部评价的分析。如果需要采取预防措施，应制定行动计划、监督和检查实施效果，以减少类似不符合项发生的可能性并借机改进。

7.10.2 预防措施程序应包括对预防措施的评价，以确保其有效性。

7.11　持续改进

7.11.1 实验室管理层应定期系统地评审管理体系，以识别所有潜在的不符合项来源、识别对管理体系或技术的改进机会。适用时，应及时改进识别出的需改进之处，应制定改进方案，文件化、实施并监督。

7.11.2 实验室管理层应设置可以系统地监测、评价实验室活动风险的客观指标。

7.11.3 如果采取措施，实验室管理层还应通过重点评审或审核相关范围的方式评价其效果。

7.11.4 需要时，实验室管理层应及时将因改进措施所致的管理体系的任何改变文件化并实施。

7.11.5 实验室管理层应有机制保证所有员工积极参加改进活动，并提供相关的教育和培训机会。

7.12 内部审核

7.12.1 应根据安全管理体系的规定对所有管理要素和技术要素定期进行内部审核，以证实管理体系的运作持续符合要求。

7.12.2 应由安全负责人负责策划、组织并实施审核。

7.12.3 应明确内部审核程序并文件化，应包括审核范围、频次、方法及所需的文件。如果发现不足或改进机会，应采取适当的措施，并在约定的时间内完成。

7.12.4 正常情况下，应按不大于12个月的周期对管理体系的每个要素进行内部审核。

7.12.5 员工不应审核自己的工作。

7.12.6 应将内部审核的结果提交实验室管理层评审。

7.13 管理评审

7.13.1 实验室管理层应对实验室安全管理体系及其全部活动进行评审，包括设施设备的状态、人员状态、实验室相关的活动、变更、事件、事故等。

7.13.2 需要时，管理评审应考虑以下内容（不限于）：

a）前次管理评审输出的落实情况；

b）所采取纠正措施的状态和所需的预防措施；

c）管理或监督人员的报告；

d）近期内部审核的结果；

e）安全检查报告；

f）适用时，外部机构的评价报告；

g）任何变化、变更情况的报告；

h）设施设备的状态报告；

i）管理职责的落实情况；

j）人员状态、培训、能力评估报告；

k）员工健康状况报告；

l）不符合项、事件、事故及其调查报告；

m）实验室工作报告；

n）风险评估报告；

o）持续改进情况报告；

p）对服务供应商的评价报告；

q）国际、国家和地方相关规定和技术标准的更新与维持情况；

r）安全管理方针及目标；

s）管理体系的更新与维持；

t）安全计划的落实情况、年度安全计划及所需资源。

7.13.3 只要可行，应以客观方式监测和评价实验室安全管理体系的适用性和有效性。

7.13.4 应记录管理评审的发现及提出的措施，应将评审发现和作为评审输出的决定列入含目的、目标和措施的工作计划中，并告知实验室人员。实验室管理层应确保所提出的措施在规定的时间内完成。

7.13.5　正常情况下，应按不大于12个月的周期进行管理评审。

7.14　实验室人员管理

7.14.1 必要时，实验室负责人应指定若干适当的人员承担实验室安全相关的管理职责。实验室安全管理人员应：

a）具备专业教育背景；

b）熟悉国家相关政策、法规、标准；

c）熟悉所负责的工作，有相关的工作经历或专业培训；

d）熟悉实验室安全管理工作；

e）定期参加相关的培训或继续教育。

7.14.2 实验室或其所在机构应有明确的人事政策和安排，并可供所有员工查阅。

7.14.3 应对所有岗位提供职责说明，包括人员的责任和任务，教育、培训和专业资格要求，应提供给相应岗位的每位员工。

7.14.4 应有足够的人力资源承担实验室所提供服务范围内的工作以及承担管理体系涉及的工作。

7. 14. 5 如果实验室聘用临时工作人员，应确保其有能力胜任所承担的工作，了解并遵守实验室管理体系的要求。

7. 14. 6 员工的工作量和工作时间安排不应影响实验室活动的质量和员工的健康，符合国家法规要求。

7. 14. 7 在有规定的领域，实验室人员在从事相关的实验室活动时，应有相应的资格。

7. 14. 8 应培训员工独立工作的能力。

7. 14. 9 应定期评价员工可以胜任其工作任务的能力。

7. 14. 10 应按工作的复杂程度定期评价所有员工的表现，应至少每 12 个月评价一次。

7. 14. 11 人员培训计划应包括（不限于）：

a）上岗培训，包括对较长期离岗或下岗人员的再上岗培训；

b）实验室管理体系培训；

c）安全知识及技能培训；

d）实验室设施设备（包括个体防护装备）的安全使用；

e）应急措施与现场救治；

f）定期培训与继续教育；

g）人员能力的考核与评估。

7. 14. 12 实验室或其所在机构应维持每个员工的人事资料，可靠保存并保护隐私权。人事档案应包括（不限于）：

a）员工的岗位职责说明；

b）岗位风险说明及员工的知情同意证明；

c）教育背景和专业资格证明；

d）培训记录，应有员工与培训者的签字及日期；

e）员工的免疫、健康检查、职业禁忌症等资料；

f）内部和外部的继续教育记录及成绩；

g）与工作安全相关的意外事件、事故报告；

h）有关确认员工能力的证据，应有能力评价的日期和承认该员工能力的日期或期限；

i）员工表现评价。

7. 15　实验室材料管理

7. 15. 1 实验室应有选择、购买、采集、接收、查验、使用、处置和存储实验室材料（包括外部服务）的政策和程序，以保证安全。

7.15.2 应确保所有与安全相关的实验室材料只有在经检查或证实其符合有关规定的要求之后投入使用，应保存相关活动的记录。

7.15.3 应评价重要消耗品、供应品和服务的供应商，保存评价记录和允许使用的供应商名单。

7.15.4 应对所有危险材料建立清单，包括来源、接收、使用、处置、存放、转移、使用权限、时间和数量等内容，相关记录安全保存，保存期限不少于20年。

7.15.5 应有可靠的物理措施和管理程序确保实验室危险材料的安全和安保。

7.15.6 应按国家相关规定的要求使用和管理实验室危险材料。

7.16　实验室活动管理

7.16.1 实验室应有计划、申请、批准、实施、监督和评估实验室活动的政策和程序。

7.16.2 实验室负责人应指定每项实验室活动的项目负责人，同时见7.1.3 i)。

7.16.3 在开展活动前，应了解实验室活动涉及的任何危险，掌握良好工作行为（参见附录B）；为实验人员提供如何在风险最小情况下进行工作的详细指导，包括正确选择和使用个体防护装备。

7.16.4 涉及微生物的实验室活动操作规程应利用良好微生物标准操作要求和（或）特殊操作要求。

7.16.5 实验室应有针对未知风险材料操作的政策和程序。

7.17　实验室内务管理

7.17.1 实验室应有对内务管理的政策和程序，包括内务工作所用清洁剂和消毒灭菌剂的选择、配制、效期、使用方法、有效成分检测及消毒灭菌效果监测等政策和程序，应评估和避免消毒灭菌剂本身的风险。

7.17.2 不应在工作面放置过多的实验室耗材。

7.17.3 应时刻保持工作区整洁有序。

7.17.4 应指定专人使用经核准的方法和个体防护装备进行内务工作。

7.17.5 不应混用不同风险区的内务程序和装备。

7.17.6 应在安全处置后对被污染的区域和可能被污染的区域进行内务工作。

7.17.7 应制定日常清洁（包括消毒灭菌）计划和清场消毒灭菌计划，包括对实验室设备和工作表面的消毒灭菌和清洁。

7.17.8 应指定专人监督内务工作，应定期评价内务工作的质量。

7.17.9 实验室的内务规程和所用材料发生改变时应通知实验室负责人。

7.17.10 实验室规程、工作习惯或材料的改变可能对内务人员有潜在危险时，应通知实验室负责人并书面告知内务管理负责人。

7.17.11 发生危险材料溢洒时，应启用应急处理程序。

7.18 实验室设施设备管理

7.18.1 实验室应有对设施设备（包括个体防护装备）管理的政策和程序，包括设施设备的完好性监控指标、巡检计划、使用前核查、安全操作、使用限制、授权操作、消毒灭菌、禁止事项、定期校准或检定，定期维护、安全处置、运输、存放等。

7.18.2 应制定在发生事故或溢洒（包括生物、化学或放射性危险材料）时，对设施设备去污染、清洁和消毒灭菌的专用方案（参见附录C）。

7.18.3 设施设备维护、修理、报废或被移出实验室前应先去污染、清洁和消毒灭菌；但应意识到，可能仍然需要要求维护人员穿戴适当的个体防护装备。

7.18.4 应明确标示出设施设备中存在危险的部位。

7.18.5 在投入使用前应核查并确认设施设备的性能可满足实验室的安全要求和相关标准。

7.18.6 每次使用前或使用中应根据监控指标确认设施设备的性能处于正常工作状态，并记录。

7.18.7 如果使用个体呼吸保护装置，应做个体适配性测试，每次使用前核查并确认符合佩戴要求。

7.18.8 设施设备应由经过授权的人员操作和维护，现行有效的使用和维护说明书应便于有关人员使用。

7.18.9 应依据制造商的建议使用和维护实验室设施设备。

7.18.10 应在设施设备的显著部位标示出其唯一编号、校准或验证日期、下次校准或验证日期、准用或停用状态。

7.18.11 应停止使用并安全处置性能已显示出缺陷或超出规定限度的设施设备。

7.18.12 无论什么原因，如果设备脱离了实验室的直接控制，待该设备返回后，应在使用前对其性能进行确认并记录。

7.18.13 应维持设施设备的档案，适用时，内容应至少包括（不限于）：

a）制造商名称、型式标识、系列号或其他唯一性标识；

b）验收标准及验收记录；

c）接收日期和启用日期；

d）接收时的状态（新品、使用过、修复过）；

e）当前位置；

f）制造商的使用说明或其存放处；

g）维护记录和年度维护计划；

h）校准（验证）记录和校准（验证）计划；

i）任何损坏、故障、改装或修理记录；

j）服务合同；

k）预计更换日期或使用寿命；

l）安全检查记录。

7.19 废物处置

7.19.1 实验室危险废物处理和处置的管理应符合国家或地方法规和标准的要求，应征询相关主管部门的意见和建议。

7.19.2 应遵循以下原则处理和处置危险废物：

a）将操作、收集、运输、处理及处置废物的危险减至最小；

b）将其对环境的有害作用减至最小；

c）只可使用被承认的技术和方法处理和处置危险废物；

d）排放符合国家或地方规定和标准的要求。

7.19.3 应有措施和能力安全处理和处置实验室危险废物。

7.19.4 应有对危险废物处理和处置的政策和程序，包括对排放标准及监测的规定。

7.19.5 应评估和避免危险废物处理和处置方法本身的风险。

7.19.6 应根据危险废物的性质和危险性按相关标准分类处理和处置废物。

7.19.7 危险废物应弃置于专门设计的、专用的和有标识的用于处置危险废物的容器内，装量不能超过建议的装载容量。

7.19.8 锐器（包括针头、小刀、金属和玻璃等）应直接弃置于耐扎的容器内。

7.19.9 应由经过培训的人员处理危险废物，并应穿戴适当的个体防护装备。

7.19.10 不应积存垃圾和实验室废物。在消毒灭菌或最终处置之前，应存放在指定的安全地方。

7.19.11 不应从实验室取走或排放不符合相关运输或排放要求的实验室废物。

7.19.12 应在实验室内消毒灭菌含活性高致病性生物因子的废物。

7.19.13 如果法规许可，只要包装和运输方式符合危险废物的运输要求，可以运送未处理的危险废物到指定机构处理。

7.20 危险材料运输

7.20.1 应制定对危险材料运输的政策和程序，包括危险材料在实验室内、实验室所在机构内及机构外部的运输，应符合国家和国际规定的要求。

7.20.2 应建立并维持危险材料接收和运出清单，至少包括危险材料的性质、数量、交接时包装的状态、交接人、收发时间和地点等，确保危险材料出入的可追溯性。

7.20.3 实验室负责人或其授权人员应负责向为实验室送交危险材料的所有部门提供适当的运输指南和说明。

7.20.4 应以防止污染人员或环境的方式运输危险材料，并有可靠的安保措施。

7.20.5 危险材料应置于被批准的本质安全的防漏容器中运输。

7.20.6 国际和国家关于道路、铁路、水路和航空运输危险材料的公约、法规和标准适用，应按国家或国际现行的规定和标准，包装、标示所运输的物品并提供文件资料。

7.21 应急措施

7.21.1 应制定应急措施的政策和程序，包括生物性、化学性、物理性、放射性等紧急情况和火灾、水灾、冰冻、地震、人为破坏等任何意外紧急情况，还应包括使留下的空建筑物处于尽可能安全状态的措施，应征询相关主管部门的意见和建议。

7.21.2 应急程序应至少包括负责人、组织、应急通讯、报告内容、个体防护和应对程序、应急设备、撤离计划和路线、污染源隔离和消毒灭菌、人员隔离和救治、现场隔离和控制、风险沟通等内容。

7.21.3 实验室应负责使所有人员（包括来访者）熟悉应急行动计划、撤离路线和紧急撤离的集合地点。

7.21.4 每年应至少组织所有实验室人员进行一次演习。

7.22　消防安全

7.22.1 应有消防相关的政策和程序，并使所有人员理解，以确保人员安全和防止实验室内的危险扩散。

7.22.2 应制定年度消防计划，内容至少包括（不限于）：

a）对实验室人员的消防指导和培训，内容至少包括火险的识别和判断、减少火险的良好操作规程、失火时应采取的全部行动；

b）实验室消防设施设备和报警系统状态的检查；

c）消防安全定期检查计划；

d）消防演习（每年至少一次）。

7.22.3 在实验室内应尽量减少可燃气体和液体的存放量。

7.22.4 应在适用的排风罩或排风柜中操作可燃气体或液体。

7.22.5 应将可燃气体或液体放置在远离热源或打火源之处，避免阳光直射。

7.22.6 输送可燃气体或液体的管道应安装紧急关闭阀。

7.22.7 应配备控制可燃物少量泄漏的工具包。如果发生明显泄漏，应立即寻求消防部门的援助。

7.22.8 可燃气体或液体应存放在经批准的贮藏柜或库中。贮存量应符合国家相关的规定和标准。

7.22.9 需要冷藏的可燃液体应存放在防爆（无火花）的冰箱中。

7.22.10 需要时，实验室应使用防爆电器。

7.22.11 应配备适当的设备，需要时用于扑灭可控制的火情及帮助人员从火场撤离。

7.22.12 应依据实验室可能失火的类型配置适当的灭火器材并定期维护，应符合消防主管部门的要求。

7.22.13 如果发生火警，应立即寻求消防部门的援助，并告知实验室内存在的危险。

7.23　事故报告

7.23.1 实验室应有报告实验室事件、伤害、事故、职业相关疾病以及潜在危险的政策和程序，符合国家和地方对事故报告的规定要求。

7.23.2 所有事故报告应形成书面文件并存档（包括所有相关活动的记录和证据等文件）。适用时，报告应包括事实的详细描述、原因分析、影响范围、后果评估、采取的措施、所采取措施有效性的追踪、预防类似事件发生的建议及改进措施等。

7.23.3 事故报告（包括采取的任何措施）应提交实验室管理层和安全委员会评审，适用时，还应提交更高管理层评审。

7.23.4 实验室任何人员不得隐瞒实验室活动相关的事件、伤害、事故、职业相关疾病以及潜在危险，应按国家规定上报。

参考文献

第一章

[1] 刘广发编著. 现代生命科学概论 [M]. 北京：科学出版社，2002.

[2] 周选国主编. 生物技术概论 [M]. 北京：高等教育出版社，2010.

[3] 季静，王罡主编. 生命科学与生物技术 [M]. 北京：科学出版社，2010.

[4] 张自力，彭永康编著. 现代生命科学进展 [M]. 北京：科学出版社，2004.

[5] 中国科学院生命科学与生物技术局编著. 2012 工业生物技术发展报告 [M]. 北京：科学出版社，2012.

[6] 宋思扬，楼士林主编. 生物技术概论 [M]. 北京：科学出版社，2007.

[7] 匡廷云. 21 世纪生命科学发展的趋势 [J]. 科学家论坛.

[8] 孙锡芳，廉永善. 简论生命科学发展的三个阶段 [J]. 自然辩证法通讯，2010，41－44.

第二章

[9] 刘庆昌. 遗传学. 北京：科学出版社，2007.

[10] 李海权，刁现民. 基因组细菌人工染色体文库（BAC）的构建及应用. 生物技术通报，2005，(1)：6－11

[11] 杨金水. 基因组学. 北京：高等教育出版社，2002.

[12] 姚世沤，王景佑，陈庆富主编. 遗传学. 贵阳：贵州人民出版社，2001.

[13] 贺竹梅. 现代遗传学教程. 广州：中山大学出版社，2002.

[14] 赵国屏等编著. 生物信息学. 北京：科学出版社，2002.

[15] 徐子勤. 功能基因组学. 北京：科学出版社，2007.

[16] 徐晋麟，徐沁，陈淳. 现代遗传学原理（第二版）. 北京：科学出版社，2005.

[17] 钱小红，贺福初主编. 蛋白质组学：现论与方法. 北京：科学出版社，2003.

[18] 戴灼华，王亚馥，粟翼玟. 遗传学（第二版）. 北京：高等教育出版社，2008.

[19] 姚志刚等主编. 遗传学. 北京：化学工业出版社. 2012.

［20］柴建华，顾杨洪．人基因组 YAC 分子克隆库的构建及 DMD 基因 YAC 克隆的筛选．遗传学报，20（4）：285－289．

第三章

［21］马文丽，宋艳斌编著．基因测序实验技术［M］．北京：化学工业出版社，2012．

［22］Morozova 0，Hirst M，Marra MA．*Applications of new sequencing technologies for transcriptome analysis. Annu Rev Genomics Hum Genet*，2009，10：135·151．

［23］解增言，林俊华，谭军，舒申贤．DNA 测序技术的发展历史与最新进展［J］．生物技术通报，2010，（8）：64－70．

［24］Li M Z，Elledge S J．MAGIC．*An in vivo genetic method for the rapid construction of recombinant DNA molecules*［J］．Nat．Genet，2005，37（3）：311－319．

［25］张亚旭．DNA 重组技术的研究综述［J］．生物技术进展，2012，2（1）：57－63．

［26］曹雪雁，张晓东，樊春海，胡钧．聚合酶链式反应（PCR）技术研究新进展［J］．自然科学进展，2007，17（5）：580－585．

第四章

［27］朱士恩主编．家畜繁殖学［M］．北京：中国农业出版社，2009．

［28］周琪．家兔胚胎细胞核移植与连续核移植的研究［D］．东北农业大学博士学位论文，1996．

［29］萧红．小鼠四倍体补偿技术的初步探讨［D］．内蒙古大学硕士学位论文，2011．

［30］卫恒习．利用体细胞核移植技术生产转基因猪［D］．中国农业大学博士学位论文，2008．

［31］桑润滋主编．动物繁殖生物技术［M］．北京：中国农业出版社，2002．

［32］何文腾．猪四倍体胚胎制作和 4N－2N 胚胎嵌合制作［D］．东北农业大学硕士学位论文，2013．

［33］邓宁主编．动物细胞工程［M］．北京：科学出版社，2014．

［34］陈乃清，赵浩斌，苟德明等．猪核移植重组胚胎的发育能力［J］．中国兽医学报，1996（16）：614－621．

［35］陈乃清，赵浩斌，苟德明等．猪 2－细胞胚胎细胞的电融合［J］．中国兽医学报，1999：89－91．

［36］Zhao XY，Lv Z，Li W，Zeng F，Zhou Q．*Production of mice using iPS cells and tetraploid complementation. Nat Protoc* 2010；5：963－971．

［37］Zhao J，Hao Y，Ross JW，Spate LD，Walters EM，Samuel MS，Rieke A，Murphy CN，Prather RS．*Histone deacetylase inhibitors improve in vitro and in vivo developmental competence of somatic cell nuclear transfer porcine embryos. Cell Reprogram* 2010；12：75－83．

［38］Yin XJ，Kato Y，Tsunoda Y．*Effect of enucleation procedures and maturation conditions on the development of nuclear - transferred rabbit oocytes receiving male fibroblast cells. Reproduction* 2002; 124: 41 -47.

[39] Yin XJ, Cho SK, Park MR, Im YJ, Park JJ, Jong Sik B, Kwon DN, Jun SH, Kim NH, Kim JH. *Nuclear remodelling and the developmental potential of nuclear transferred porcine oocytes under delayed - activated conditions. Zygote* 2003; 11: 167 - 174.

[40] Yang X, Presicce GA, Moraghan L, Jiang SE, Foote RH. *Synergistic effect of ethanol and cycloheximide on activation of freshly matured bovine oocytes. Theriogenology* 1994; 41: 395 -403.

[41] Yang H, Shi L, Wang BA, Liang D, Zhong C, Liu W, Nie Y, Liu J, Zhao J, Gao X, Li D, Xu GL, et al. *Generation of genetically modified mice by oocyte injection of androgenetic haploid embryonic stem cells. Cell* 2012; 149: 605 -617.

[42] Wilmut I, Schnieke AE, McWhir J, Kind AJ, Campbell KH. *Viable offspring derived from fetal and adult mammalian cells. Nature* 1997; 385: 810 -813.

[43] Wang ZQ, Kiefer F, Urbanek P, Wagner EF. *Generation of completely embryonic stem cell - derived mutant mice using tetraploid blastocyst injection. Mech Dev* 1997; 62: 137 - 145.

[44] Wakayama T, Perry AC, Zuccotti M, Johnson KR, Yanagimachi R. *Full - term development of mice from enucleated oocytes injected with cumulus cell nuclei. Nature* 1998; 394: 369 -374.

[45] Vajta G, Zhang Y, Machaty Z. *Somatic cell nuclear transfer in pigs: recent achievements and future possibilities. Reprod Fertil Dev* 2007; 19: 403 -423.

[46] Vajta G, Lewis IM, Hyttel P, Thouas GA, Trounson AO. *Somatic cell cloning without micromanipulators. Cloning* 2001; 3: 89 -95.

[47] Trounson AO, Moore NW. *Attempts to produce identical offspring in the sheep by mechanical division of the ovum. Aust J Biol Sci* 1974; 27: 505 -510.

[48] Trounson A, Lacham - Kaplan O, Diamente M, Gougoulidis T. *Reprogramming cattle somatic cells by isolated nuclear injection. Reprod Fertil Dev* 1998; 10: 645 -650.

[49] Tarkowski AK. *Mouse chimaeras developed from fused eggs. Nature* 1961; 190: 857 -860.

[50] Tarkowski AK. *Experiments on the development of isolated blastomere of mouse eggs. Nature* 1959; 184: 1286 - 1287.

[51] Tarkowski AK, Wroblewska J. *Development of blastomeres of mouse eggs isolated at the 4 - and 8 - cell stage. J Embryol Exp Morphol* 1967; 18: 155 - 180.

[52] Tarkowski AK, Witkowska A, Opas J. *Development of cytochalasin in B - induced tetraploid and diploid/tetraploid mosaic mouse embryos. J Embryol Exp Morphol* 1977; 41: 47 -64.

[53] Spemann. *Embryonic Development and Induction. Yale University Press, New Haven.* 1938.

[54] Solter D. *Mammalian cloning: advances and limitations. Nat Rev Genet* 2000; 1: 199 -207.

[55] Snow MH. *Tetraploid mouse embryos produced by cytochalasin B during cleavage. Nature* 1973; 244: 513 -515.

[56] Saito S, Niemann H. *Effects of extracellular matrices and growth factors on the development of isolated porcine blastomeres. Biol Reprod* 1991; 44: 927 -936.

[57] S. D S, M S, Purwantara R ea. *Development after Separation and Reaggregation of Blastomeres from Early Pig Embryos cultured in vitro. Reproduction in Domestic Animals* 1992; 27: 283 -289.

[58] Polejaeva IA, Chen SH, Vaught TD, Page RL, Mullins J, Ball S, Dai Y, Boone J, Walker S, Ayares DL, Colman A, Campbell KH. *Cloned pigs produced by nuclear transfer from adult somatic cells. Nature* 2000; 407: 86 -90.

[59] Pincus G, Shapiro H. *Further Studies on the Parthenogenetic Activation of Rabbit Eggs. Proc Natl Acad Sci U S A* 1940; 26: 163 -165.

[60] Pincus G, Enzmann EV. *The Comparative Behavior of Mammalian Eggs in Vivo and in Vitro : I. The Activation of Ovarian Eggs. J Exp Med* 1935; 62: 665 -675.

[61] Phelps CJ, Koike C, Vaught TD, Boone J, Wells KD, Chen SH, Ball S, Specht SM, Polejaeva IA, Monahan JA, Jobst PM, Sharma SB, et al. *Production of alpha* 1, 3 *-galactosyltransferase -deficient pigs. Science* 2003; 299: 411 -414.

[62] Peura TT, Lewis IM, Trounson AO. *The effect of recipient oocyte volume on nuclear transfer in cattle. Mol Reprod Dev* 1998; 50: 185 -191.

[63] Nagy A, Rossant J, Nagy R, Abramow -Newerly W, Roder JC. *Derivation of completely cell culture -derived mice from early -passage embryonic stem cells. Proc Natl Acad Sci U S A* 1993; 90: 8424 -8428.

[64] McGregor CG, Davies WR, Oi K, Teotia SS, Schirmer JM, Risdahl JM, Tazelaar HD, Kremers WK, Walker RC, Byrne GW, Logan JS. *Cardiac xenotransplantation: recent preclinical progress with* 3 *-month median survival. J Thorac Cardiovasc Surg* 2005; 130: 844 -851.

[65] McGrath J, Solter D. *Nuclear transplantation in the mouse embryo by microsurgery and cell fusion. Science* 1983; 220: 1300 -1302.

[66] Lin CJ, Amano T, Zhang J, Chen YE, Tian XC. *Acceptance of embryonic stem cells by a wide developmental range of mouse tetraploid embryos. Biol Reprod* 2010; 83: 177 -184.

[67] Li W, Shuai L, Wan H, Dong M, Wang M, Sang L, Feng C, Luo GZ, Li T, Li X, Wang L, Zheng QY, et al. *Androgenetic haploid embryonic stem cells produce live transgenic mice. Nature* 2012; 490: 407 -411.

[68] Lee JW, Tian XC, Yang X. *Optimization of parthenogenetic activation protocol in porcine. Mol Reprod Dev* 2004; 68: 51 -57.

[69] Lai L, Kolber -Simonds D, Park KW, Cheong HT, Greenstein JL, Im GS, Samuel M, Bonk

A, Rieke A, Day BN, Murphy CN, Carter DB, et al. *Production of alpha-1, 3-galactosyltransferase knockout pigs by nuclear transfer cloning. Science* 2002; 295: 1089-1092.

[70] Kues WA, Anger M, Carnwath JW, Paul D, Motlik J, Niemann H. *Cell cycle synchronization of porcine fetal fibroblasts: effects of serum deprivation and reversible cell cycle inhibitors. Biol Reprod* 2000; 62: 412-419.

[71] Kruip TAM, denDaas JHG. *In vitro produced and cloned embryos: Effects on pregnancy, parturition and offspring. Theriogenology* 1997; 47: 43-52.

[72] Kono T, Obata Y, Wu Q, Niwa K, Ono Y, Yamamoto Y, Park ES, Seo JS, Ogawa H. *Birth of parthenogenetic mice that can develop to adulthood. Nature* 2004; 428: 860-864.

[73] Kishigami S, Mizutani E, Ohta H, Hikichi T, Thuan NV, Wakayama S, Bui HT, Wakayama T. *Significant improvement of mouse cloning technique by treatment with trichostatin A after somatic nuclear transfer. Biochem Biophys Res Commun* 2006; 340: 183-189.

[74] Illmensee K, Hoppe PC. *Nuclear transplantation in Mus musculus: developmental potential of nuclei from preimplantation embryos. Cell* 1981; 23: 9-18.

[75] Hochedlinger K, Blelloch R, Brennan C, Yamada Y, Kim M, Chin L, Jaenisch R. *Reprogramming of a melanoma genome by nuclear transplantation. Genes Dev* 2004; 18: 1875-1885.

[76] Gurdon JB. *The developmental capacity of nuclei taken from intestinal epithelium cells of feeding tadpoles. J Embryol Exp Morphol* 1962; 10: 622-640.

[77] Graham CF. *Virus assisted fusion of embryonic cells. Acta Endocrinol Suppl (Copenh)* 1971; 153: 154-167.

[78] Fulka J, Jr., Moor RM. *Noninvasive chemical enucleation of mouse oocytes. Mol Reprod Dev* 1993; 34: 427-430.

[79] Fissore RA, Robl JM. *Intracellular Ca2+ response of rabbit oocytes to electrical stimulation. Mol Reprod Dev* 1992; 32: 9-16.

[80] First NL. *New animal breeding techniques and their application. J Reprod Fertil Suppl* 1990; 41: 3-14.

[81] Evans MJ, Kaufman MH. *Establishment in culture of pluripotential cells from mouse embryos. Nature* 1981; 292: 154-156.

[82] Enright BP, Kubota C, Yang X, Tian XC. *Epigenetic characteristics and development of embryos cloned from donor cells treated by trichostatin A or 5-aza-2'-deoxycytidine. Biol Reprod* 2003; 69: 896-901.

[83] Egli D, Eggan K. *Recipient cell nuclear factors are required for reprogramming by nuclear transfer. Development* 2010; 137: 1953-1963.

第五章

[84] 沈关心，周汝麟主编. 现代免疫学实验技术 [M]. 湖北科学技术出版社，1998.

[85] E. 哈洛，D. 莱恩编著. 抗体技术实验指南. 沈关心，龚非力，等译. 北京：科学出版社，2002.

[86] Tolar P, Sohn HW, Pierce SK. *Viewing the antigen – induced initiation of B – cell activation in living cells. Immunol. Rev.* 2008. *February*, 221 (1): 64 – 76.

[87] Litman GW, Rast JP, Shamblott MJ, Haire RN, Hulst M, Roess W, Litman RT, Hinds – Frey KR, Zilch A, Amemiya CT. *Phylogenetic diversification of immunoglobulin genes and the antibody repertoire. Mol. Biol. Evol.* 1993. *January*, 10 (1): 60 – 72.

[88] Chen K, Xu W, Wilson M, He B, Miller NW, Bengtén E, Edholm ES, Santini PA, Rath P, Chiu A, Cattalini M, Litzman J, B Bussel J, Huang B, Meini A, Riesbeck K, Cunningham – Rundles C, Plebani A, Cerutti A. *Immunoglobulin D enhances immune surveillance by activating antimicrobial, proinflammatory and B cell – stimulating programs in basophils. Nature Immunology.* 2009, 10 (8): 889 – 898.

[89] Borghesi L, Milcarek C. *From B cell to plasma cell: regulation of V (D) J recombination and antibody secretion. Immunol Res.* 2006, 36 (1 – 3): 27 – 32.

[90] Heyman B. *Complement and Fc – receptors in regulation of the antibody response. Immunol Lett.* 1996, 54 (2 – 3): 195 – 199.

第六章

[91] 范云六，黄大昉，彭于发. 我国转基因生物安全战略研究 [J]，中国农业科技导报，2012，14 (2): 1 – 6.

[92] 郑涛，黄培堂，沈倍奋. 当前国际生物安全形势与展望略述评 [J]，军事医学，2012，36 (10): 721 – 724.

[93] 许建香，李宁. 转基因动物生物安全研究与评价 [J]，生物工程学报，2012，28 (3): 267 – 281.

[94] 刘俊辉，张衍海，范钦磊，郑增忍，蒋正军，陈萍，郭建梅. 国内外生物安全隔离区建设概况 [J]，2012，33 (12): 178 – 182.